FRAME SEMANTICS ANALYSIS

THEORIES, METHODS AND PRACTICE

框架语义分析

理论、方法与实践

苏雪峰　著

化学工业出版社

·北京·

内容简介

《框架语义分析：理论、方法与实践》系统阐述了框架语义分析的核心理论与前沿方法，聚焦自然语言处理中语义理解的关键技术，内容涵盖从传统知识指导的框架识别到基于大语言模型的创新方法，深入探讨了关系建模、区域检测和标记注意力等特色模型，凸显了多技术融合与可解释性优势。通过系统化实验验证与案例分析，本书为语义角色标注、信息抽取等任务提供了实用解决方案，兼具理论深度与实践价值。

本书适合自然语言处理研究者、高校师生及工业界研发人员阅读学习。

图书在版编目（CIP）数据

框架语义分析 ：理论、方法与实践 / 苏雪峰著. 北京 ：化学工业出版社，2025. 11. -- ISBN 978-7-122-49477-1

Ⅰ. TP391

中国国家版本馆CIP数据核字第20257YG836号

责任编辑：雷桐辉　　文字编辑：刘建平
责任校对：王鹏飞　　装帧设计：王晓宇

出版发行：化学工业出版社
（北京市东城区青年湖南街13号　邮政编码100011）
印　　装：大厂回族自治县聚鑫印刷有限责任公司
710mm×1000mm　1/16　印张 11¼　字数 192 千字
2025 年 12 月北京第 1 版第 1 次印刷

购书咨询：010-64518888　　售后服务：010-64518899
网　　址：http://www.cip.com.cn
凡购买本书，如有缺损质量问题，本社销售中心负责调换。

定　　价：79.80元

前言

PREFACE

自然语言处理是人工智能一个重要的研究领域，也是目前人工智能取得更大突破和更广泛应用的热点领域之一。但由于自然语言具有无处不在的歧义性、高度的抽象性、近乎无穷的语义组合性和持续的进化性，理解语言往往需要具备一定的知识和推理能力，这些都为计算机处理自然语言带来了巨大的挑战。近年来，虽然以深度学习和大数据驱动的预训练语言模型（pre-trained language models, PLMs）和大语言模型（large language models, LLMs）发展迅猛，并促进了相关任务性能的大幅度提升，但在实际应用中仍然需要融合各类反映人类认知经验或根据人类认知构建的各种形式的知识，如语言知识、世界知识、常识知识等。反映人类认知经验的框架语义知识是其中一类非常重要的语言知识，如何将框架语义知识与自然语言理解模型进行关联与融合是提升现有模型语言理解能力的重要途径之一。

框架语义学是由美国著名语言学家 Charles J. Fillmore 提出的一种语言认知与表示理论。框架语义通过“框架”这一认知结构，将语言表征与客观世界相联系，将反映人类认知的经验表示成结构化的框架，并通过认知联系构建框架之间的关联，从而形成一个网状的认知结构。相关研究表明，将反映人类认知的框架语义知识融合到文本的语义表示中，对于提升如阅读理解、关系抽取、事件抽取、摘要抽取等自然语言理解任务的性能具有重要作用。框架语义知识库构建和框架语义分析是将框架语义知识应用到各类自然语言处理任务中的两项关键技术。当前，框架语义知识库建设已取得了较大的进展，形成了多个较大规模的框架语义知识库，如面向英语的 FrameNet、面向汉语的 Chinese FrameNet（CFN）等。

框架语义分析是将框架语义知识与自然语言进行关联的关键技术，其目标是从自然语言描述的文本中抽取出框架语义结构。该任务自2002年被提出以来，受到了学术界的广泛关注，其技术的发展大致经历了四个阶段：基于特征工程的方法、基于分布式表示的方法、基于预训练模型的方法、基于大语言模型的方法。随着以卷积神经网络CNN（convolutional neural network）、长短时记忆网络LSTM（long short-term memory）、图卷积网络GCN（graph convolutional network）、Transformer等为代表的深度神经网络的普及应用，基于预训练模型和基于大语言模型的方法成了框架语义分析的主流技术路线。

本书在梳理框架语义分析技术脉络的基础上，结合本人近几年的研究成果，系统介绍基于预训练模型和大语言模型的框架语义分析理论和方法，力求形成以下特色：

第一，系统性。本书从理论体系、方法体系和技术应用三个维度系统构建了框架语义分析的技术体系。在理论层面，全面阐释了框架语义的认知机理、知识库构建、数据资源建设等基础理论；在方法层面，系统梳理了从目标词识别、框架识别、框架语义角色标注，到端到端联合识别的框架语义分析方法体系；在技术层面，在介绍传统方法的基础上，综合应用了多种深度学习的最新技术，形成了层次分明、结构严谨的内容体系，充分体现了内容的系统性。

第二，前沿性。本书结合深度学习领域的最新技术趋势，深度整合了包括CNN、LSTM、GCN、Transformer及大语言模型（large language models，LLMs）在内的前沿技术，详细解析了各类模型在框架语义分析中的适配原理，为读者提供了兼具理论深度和技术前沿性的框架语义分析理论与方法。

第三，创新性。本书针对框架语义分析中的知识表示与融合应用、跨度语义表示与跨度关系建模、统一建模与错误传播等难点问题，提出了创新性的解决策略以及实现方法，为难点问题的解决提供了新思路和新方法，这些创新点显著提升了方法的性能和适用边界。

第四，实践性。本书秉持“理论指导实践”的编写理念，为每个方法设置了完整的实验验证体系。通过精心设计的对比实验、消融实验和应用案例，既验证了方法的有效性，又提供了包括参数调优、结果评估在内的详细实施指南，确保每一个方法能够直接服务于工程实践。

山西大学李茹教授、新加坡资讯通信研究院李晓黎教授、北京大学常宝宝教授为本书的撰写提出了宝贵意见，山西工程科技职业大学郭燕萍副教授为本书的校稿付出了辛勤的劳动，山西大学自然语言处理研究团队、山西大学计算机学院、山西工程科技职业大学为本书的撰写提供了良好的实验环境和办公场所。本书的出版得到了化学工业出版社的大力支持。在此，对本书出版给予支持和帮助的个人和单位表示由衷的感谢。

本书是山西省基础研究计划资助项目“面向英汉双语的多框架语义分析关键技术研究 (No.202203021211286)”和广西多源信息挖掘与安全重点实验室开放基金项目“基于图的框架语义场景识别方法研究 (No.MIMS22-10)”的研究成果。

由于笔者水平有限，书中内容难免存在疏漏之处，敬请广大读者批评指正，提出宝贵意见。

著者

目录

CONTENTS

第 1 章 绪论

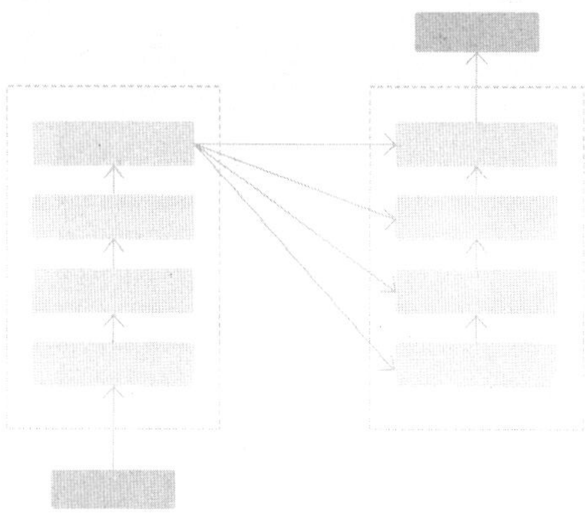

1.1 框架语义分析

1.1.1 框架语义知识库

20世纪70年代中期，美国著名语言学家Charles J. Fillmore在格语法理论基础上，提出了框架语义学，首次将Minsky的框架理论引入语言学中。框架语义学强调用经验主义方法去发现语言和人类经验之间的关系，从人类的认知角度探索句子表层的语义结构，将抽象的人类认知图式与词汇的上下文语境相联系，从而理解词汇的语义，是一种理解和说明词汇意义和语法结构的方法。框架语义学的核心观点是：一个词语的意义应当在其可能激活的一整套概念结构或经验空间的全景式框架中获得妥帖的理解。换言之，框架语义学理论认为，理解词语的意义必须先具备概念结构，即语义框架的知识。如我们要理解英文单词“buy、sell、pay、charge”等词在意义、用法及语法结构方面的差异，我们可将它们置于“商业购买（Commerce_buy）”这一框架中，这一框架涉及金钱（Money）、商品（Goods）、买方（Buyer）、卖方（Seller）等要素。上述几个单词的语义差异主要体现在不同的词突显了框架的不同方面，如buy突显的是买方与商品之间的关系，sell突显的是卖方与商品之间的关系，pay突显的是从买方到卖方的金钱关系，charge突显的是从卖方到买方的金钱关系。

美国加州大学伯克利分校于1997年启动了面向英语的框架语义知识库建设项目FrameNet，该知识库以Charles J. Fillmore的框架语义学为理论基础，在分析大量语料的基础上由人工构建。FrameNet框架语义知识库的核心为框架，框架之间通过框架关系进行关联，从而形成一个网状结构，故称为“框架网（FrameNet）”。继美国之后，中国、西班牙、日本、法国等国家也先后启动了面向本国语言的框架语义知识库建设项目，如面向汉语的CFN（Chinese FrameNet）、面向西班牙语的SFN（Spanish FrameNet）、面向日语的JFN（Japanese FrameNet）等。

FrameNet知识库涉及框架、框架元素、框架关系、词元等核心概念，其组成结构一般包括框架库、词元库和例句库三个部分。

（1）框架

框架是存储在人类认知经验中的图式化情境，是一个和一些激活性语境相一致的结构化范畴系统。在框架语义知识库中，一个框架表示一个认知结构或概念结构，涉及一类词语，这些词语具有共同的认知结构，支配相同类型的框架语义角色，即框架元素。如单词“buy”和“sell”具有共同的认知结构，支配相同类型的框架语义角色，如金钱（Money）、商品（Goods）、买方（Buyer）、卖方（Seller）等。

（2）框架元素

框架元素是框架中的参与者，也称为框架语义角色。框架元素分为核心框架元素与非核心框架元素，核心框架元素是理解框架完整语义的必要成分，突出了框架的个性；非核心框架元素也称为外围成分，如时间、地点、状态、环境等成分，它们不同程度地反映了框架或核心框架元素在某些方面的特性，其中一部分特性是大部分框架共有的特性，如时间、地点等。

（3）框架关系

框架关系刻画不同框架之间的语义关系。框架之间的关系主要依赖于框架中框架元素之间的关系，主要包括继承关系、使用关系、总分关系、透视关系、先于关系、起始关系、原因关系、参见关系。两个框架之间，低依赖性或高概括性框架称为上位框架，而另一个称为下位框架。框架关系及它们之间的上位和下位框架如表 1.1 所示。

表1.1　框架与框架之间关系的类型

关系	上位框架	下位框架
Inheritance(继承)	Parent(父)	Child(子)
Using(使用)	Parent(父)	Child(子)
Subframe(总分)	Complex(总)	Component(分)
Precedes(先于)	Earlier(先)	Later(后)
Perspective_on(透视)	Neutral(中性)	Perspectivized(透视性)
Inchoative_of(起始)	State(状态)	Inchoative(开始状态)
Causative_of(原因)	Inchoative/State(起始状态)	Causative(原因)
See_also(参见)	Main Entry(主款目)	Referring Entry(参照款目)

（4）词元

词元是能够在特定语境中激起框架的词或短语。通常一个词有多种含义，对应多个义项，不同义项一般对应不同的框架。同一框架下的词元具有相同或相近的含义。如单词“hit”在表达“to strike an object effectively causing it to move（有效地击打物体使其移动）”这一语义时所对应的框架为 Cause_motion（使位移），而在表达“direct a blow at with one’s hand or a tool or weapon（用手、工具或武器击打）”这一语义时对应的框架为 Cause_harm（使产生身体伤害）。

（5）目标词

目标词是在一个句子中能够激起框架的词或短语，一个句子中往往有多个目标词。一般来说，一个词的某一个义项与某一框架相联系（语义相似），我们称这个词能激起该框架。如在句子“he hit us with an ironfist（他用铁拳打了我们）”中，“hit”激起了 Cause_harm（使产生身体伤害）框架；而在句子“We've hit our ball over the fence（我们把球打过了围栏）”中，“hit”激起了 Cause_motion（使位移）框架。目标词能否激起框架，依赖于该词所在的上下文语境，如动词作支撑词时不能激起框架，如在句子“李教授在报告厅做报告”中，“做”是“报告”的支撑词，不能激起框架。

（6）框架库

框架库是框架语义知识库的一个组成部分，存储了有关框架的详细描述，包括框架定义、框架元素（含名称、定义、示例）、框架关系和框架对应的词元等信息。表 1.2 为框架 Cause_motion（使位移）在 FrameNet 框架库中的结构化描述，由于篇幅所限，表中只列出部分框架元素的定义和示例，序号为（a）的句子为框架元素定义，序号为（b）的句子为示例，示例句中加阴影的单词或短语为当前框架元素对应的填充项（即论元），其余框架元素只列出元素名称。此外，框架元素的信息还包括名称缩写、语义类型、语义约束。例如，核心框架元素 Source（源）的缩写为 Src，语义类型（Semantic Type）为 Source，该框架元素和另外一个核心框架元素 Area（区域）具有排斥性，即它们不能同时出现在同一个句子中。

表1.2　框架Cause_motion（使位移）在FrameNet框架库中的描述示例

<table>
<tr><th colspan="2">框架</th><th colspan="2">Cause_motion（使位移）</th></tr>
<tr><td colspan="2">Definition
（框架定义）</td><td colspan="2">An Agent causes a Theme to move from a Source, along a Path, to a Goal. Different members of the frame emphasize the trajectory to different degrees, and a given instance of the frame will usually leave some of the Source, Path and/or Goal implicit（此处有省略）</td></tr>
<tr><td rowspan="3">Frame elements
（框架元素）</td><td rowspan="3">Core
（核心框架元素）</td><td>Agent [Agt]
Semantic Type: Sentient</td><td>(a) The Agent is the one whose action causes the motion of a Theme. The Agent is generally realized as the External Argument
(b) Pat threw the china at the wall</td></tr>
<tr><td>Goal [Goal]
Semantic Type: Goal
Excludes: Area</td><td>(a) The FE Goal is the point at which the Theme ends up as a result of the motion
(b) Kim threw the cat into the garden</td></tr>
<tr><td>Path [Path]
Excludes: Area</td><td>(a) The FE Path is any description of a trajectory of motion which is neither a Source nor Goal
(b) I pushed the trolley along the street</td></tr>
</table>

续表

<table>
<tr><th colspan="2">框架</th><th colspan="2">Cause_motion（使位移）</th></tr>
<tr><td rowspan="9">Frame elements（框架元素）</td><td rowspan="3">Core（核心框架元素）</td><td>Theme [Thm]
Semantic Type: Physical_object</td><td>(a) The FE Theme is generally an NP Object
(b) Pat threw the china at the wall</td></tr>
<tr><td>Source [Src]
Semantic Type: Source
Excludes: Area</td><td>(a) The FE Source is the starting point of motion
(b) Pat dragged the box out of the cupboard</td></tr>
<tr><td colspan="2">其他核心框架元素：Area[Area]，Cause[Cse]，Initial_state[Initial_state]，Result[]</td></tr>
<tr><td rowspan="4">Non-core（非核心框架元素）</td><td>Degree [Degr]
Semantic Type: Degree</td><td>Degree to which event occurs</td></tr>
<tr><td>Depictive [Dep]</td><td>(a) The state of a participant during the action
(b) We pushed the cart around, gleeful</td></tr>
<tr><td>Distance [Dist]</td><td>(a) The FE Distance is any expression characterizing the extent of motion of the Theme.
(b) Pat threw the Javelin 50 meters.</td></tr>
<tr><td colspan="2">其他非核心框架元素：Duration[]，Explanation[]，Handle[]，Instrument，Manner[Manr]，Means[Mns]，Place[Place]，Subregion[]，Time[Time]</td></tr>
<tr><td colspan="2">Frame-to-frame relations（框架关系）</td><td colspan="2">Inherits from: Transitive_action
Is Inherited by: Cause_fluidic_motion, Passing, Shoot_projectiles
Is Used by: Bringing, Excreting, Gathering_up, Ingestion
Has Subframe(s): Placing, Removing
Is Causative of: Motion
See also: Bringing, Emptying, Filling, Manipulation, Placing, Removing</td></tr>
<tr><td colspan="2">Lexical units（词元）</td><td colspan="2">attract.v, cast.v, catapult.v, chuck.v, drag.v, draw.v, drive.v, drop.v, fling.v, force.v, haul.v, hit.v, hurl.v, impel.v, jerk.v, knock.v, launch.v, lift.v, move.v, nudge.v, pitch.v, press.v, propel.v, pull.v, punt.v（此处有省略）</td></tr>
</table>

（7）词元库

词元库是框架语义知识库的一个组成部分，存储了有关词元的详细信息，包括所属框架、词元定义（释义）、框架元素的句法实现方式等信息。由于词性与词义有着密切的联系，对判断词元所属框架具有一定的作用，所以词元的表示由词本身和词性两部分组成，如“hit.v、lock.v、locked.a”为对应三个单词的词元表示形式。

（8）例句库

例句库是框架语义知识库的一个组成部分，存储了人工标注的例句。在每一个例句中标注出目标词、目标词能激起的框架名称以及句中各成分对应的框架元素（框架语义角色）名称、短语类型和句法功能。

FrameNet 是一个公开发布的面向英语的框架语义知识库，截至 2023 年底，共包含框架 1224 个，其中，有词元框架 1075 个、无词元框架 149 个；有词元框架共包含 10478 个框架元素（不同框架中名称相同的框架元素重复统计），平均每个框架包含 9.7 个框架元素；共收录词元 13687 个，平均每个有词元框架包含 12.7 个词元，其中，名词、动词、形容词及其他词性的词元占比分别为 40.7%、38.1%、17.6%、3.6%；共涉及 1878 对框架关系。此外，FrameNet 中还包含标注例句 174532 个。

除 FrameNet 外，法国的 Alpage 团队发布了面向法语的框架语义知识库 1.3 版本，专注于 4 个领域（口头交流、商业交易、认知立场和因果关系）的框架语义知识，共包含 105 个框架。巴西联邦大学（UFJF）参照 FrameNet 构建了巴西葡萄牙语框架语义知识库，标注例句涉及书面文本、语音转录的文本、电影字幕等领域。西班牙巴塞罗那自治大学构建了面向西班牙语的框架语义知识库，包含框架 325 个，标注的例句涉及新闻、Wikipedia、书评等领域。山西大学发布了面向汉语的框架语义知识库 CFN，包含框架 1224 个，标注例句涉及新闻、旅游、法律、文学作品等领域。

1.1.2 框架语义分析任务描述

语义分析是自然语言处理的一项基础任务，旨在将用自然语言表达的句子转化为反映这个句子中某个词、短语或整个句子意义的某种形式化表示。即将自然语言转化为易于计算机存储和计算的形式化表示，便于人与机器的互相沟通。

框架语义分析（frame-semantic parsing, FSP）是语义分析的一种实现方式，其目标是从文本中识别出目标词（谓词）所激发的框架及框架语义形式的谓词-论元结构（也称为框架语义结构）。如图 1.1 所示，“hand in、to、when、reach”为该例句包含的目标词（target），它们分别激起了“Giving（给予）、Goal（目标）、Temporal_collocation（时间性共现）和 Arriving（到达）”四个框架。图中属于同

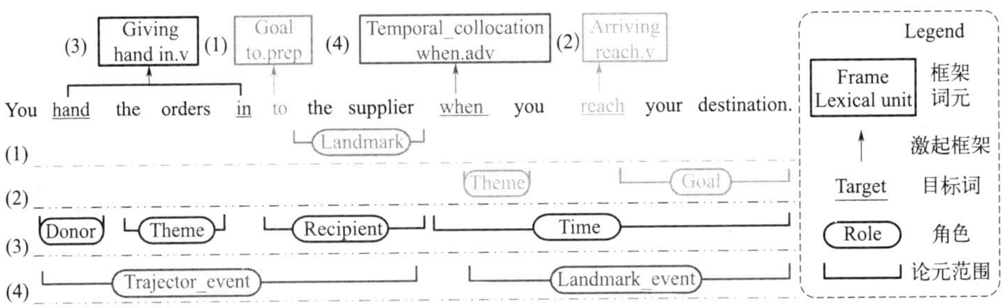

图 1.1 框架语义分析示例

一框架语义结构的成分使用同一序号表示，如序号（2）对应目标词“reach”激起的框架 Arriving，论元“you”和“your destination”在该框架中充当的角色分别为 Theme（转移体）和 Goal（终点）。

与 PropBank 形式的以动词为目标词的语义角色分析相比，框架语义分析的目标词涵盖动词、名词、形容词、介词、副词等词性；框架语义角色是框架特定的，即每一框架具有自己特有的角色，语义粒度更细，而 PropBank 的语义角色是通用角色，语义粒度较粗。框架语义分析对句法的依赖较小，分析结果能够表示更深层次的语义，而 PropBank 的语义分析对句法的依赖较大，分析结果所能表示的语义较浅。由此可见，框架语义分析的表达能力更强，语义分析更具挑战性。

框架语义分析通常被分解成目标词识别（target identification，TI）、框架识别（frame identification，FI）和框架语义角色标注（frame semantic role labeling，FSRL）三个子任务。TI 的目标是从给定文本中识别出所有目标词，FI 的目标是识别出给定目标词在上下文中所能激起的框架，FSRL 的目标是在给定目标词及其激起框架的情形下，识别出论元及论元所承担的框架语义角色。从系统结构的视角看，框架语义分析系统的输入为文本，输出为文本对应的框架语义结构。完整的框架语义分析系统构成如图 1.2 所示。

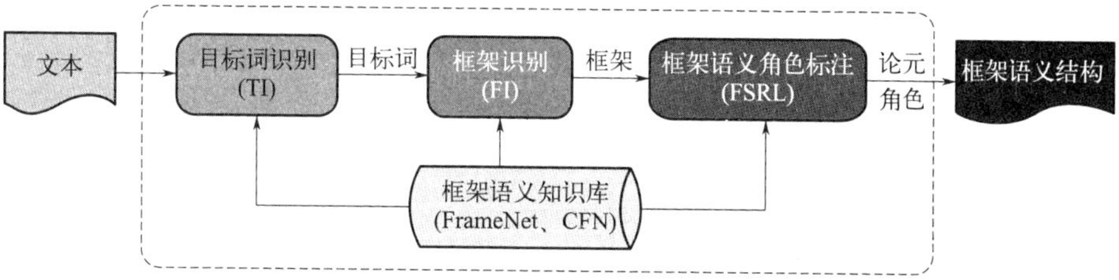

图 1.2　框架语义分析系统构成

框架语义分析是一项极具挑战性的自然语言处理任务，主要表现在以下几个方面：首先，目标词涉及多种词性，且一个词是否是目标词取决于其在句中的功能和语义，换句话说，同一个词在某一个句子中可能是目标词，而在另一个句子中则不是目标词；其次，大多数目标词具有多个义项，在不同的上下文中可激起不同的框架，确定目标词所能激起的框架本质上是一个语义消歧问题，由于框架语义比较抽象，所以框架识别难度较大；最后，框架语义角色依赖于框架，不同的框架具有不同的角色，且语义粒度较细，面临数据稀疏和长尾分布的挑战。

1.1.3 框架语义分析语料资源

框架语义标注资源主要包括两种类型：示例数据、全文标注数据。示例数据一般只对句子中某一个特定目标词进行标注，而全文标注数据则对句子中所有目标词进行标注。两类数据的标注范围都限制在句子内部，即只标注句子内部出现的角色。框架语义信息标注一般采用三层标注，具体包括目标词激起的框架及框架语义角色、每一角色在句法层面的短语类型（如NP、VP等）以及句法功能（如Ext、Obj等）。如图1.3所示，针对例句“She threw a punch and hit the creature in the mouth.”中目标词“hit”的标注包含以下信息：目标词激起的框架Cause_harm（使受到伤害），语义角色Agent（施动者）、Victim（受伤害者）和Body_part（身体部分），以及语义角色对应论元的短语类型和句法功能。

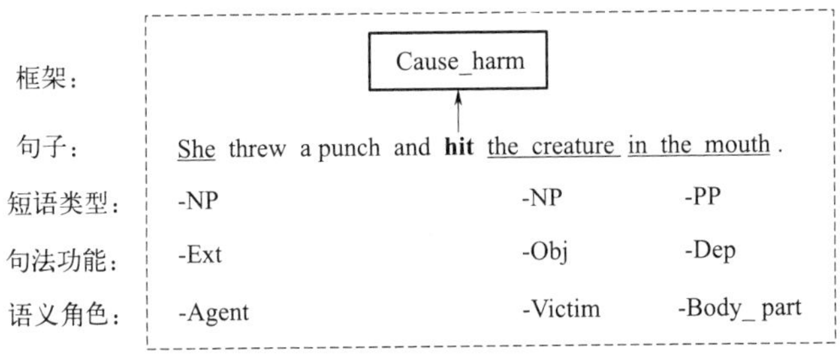

图1.3 数据标注示例

（1）英文标注数据集

美国加州大学伯克利分校先后发布了FrameNet1.5（FN1.5）和FrameNet1.7（FN1.7）两个面向英文的标注数据集，包括示例数据和全文标注数据，全文标注数据又分为训练集、测试集和开发集，数据集的统计信息如表1.3所示。表中框架数为对应版本的框架语义知识库中框架的数量，既包含有标注例句的框架，也包含无标注例句的框架；角色数为去重后的角色数，即不同框架下相同名称的框架元素视为一个角色。FN1.7扩展了FN1.5，增加了更多的框架、角色和标注例句，同时也涉及少量框架名称、框架元素（角色）以及例句标注信息的调整，如将框架Working_on更名为Work，FN1.7相较于FN1.5的框架更名情况如表1.4所示。FN1.7标注例句所覆盖的目标词更多，角色标注更丰富。FrameNet全文标注数据来源多样，包括美国国家语料库（ANC）、华尔街日报（WSJ）、维基百科（Wikipedia）等，涉及文章107篇。

表1.3　FrameNet标注数据基本信息统计表

序号	数据集名称	示例数据	训练集	开发集	测试集	框架数	角色数
1	FN1.5	153946	16621	2284	4428	1019	1170
2	FN1.7	192431	19391	2272	6714	1221	1285

表1.4　FN1.5与FN1.7框架名称变更对照表

序号	FN1.5 中的框架名称	FN1.7 中的框架名称
1	Defend	Defending
2	Permitting	Deny_or_grant_permission
3	Make_possible_to_do	Preventing_or_letting
4	Birth	Giving_birth
5	Preventing	Preventing_or_letting
6	Place_weight_on	Emphasizing
7	Working_on	Work
8	Adorning	Abounding_with
9	Prohibiting	Prohibiting_or_licensing
10	Deny_permission	Deny_or_grant_permission
11	Prevent_from_having	Prevent_or_allow_possession
12	Speed	Speed_description
13	Influence_of_event_on_cognizer	Subjective_influence
14	Inchoative_attaching	Becoming_attached
15	Hear	Hearsay
16	Progress	Progression
17	Inchoative_change_of_temperature	Change_of_temperature
18	Possibilities	Alternatives
19	Become_silent	Becoming_silent

（2）中文标注数据集

山西大学于 2023 年发布了汉语框架语义分析评测数据集 CFN2.0，标注例句涉及来自多个领域的 1100 多篇新闻稿件，标注信息为单层标注，即只标注目标词、目标词激起的框架以及框架语义角色，未提供句法功能和短语类型标注。该数据集只针对动词目标词进行标注，未对其他词性的目标词进行标注。数据集统计信息如表 1.5 所示。

表1.5　CFN2.0标注数据基本信息统计表

数据集划分	训练集	开发集	测试集	共计
例句数	10000	2000	8000	20000
框架数	671	354	622	695
角色数	947	649	656	987
词元数	2359	670	2274	3132

框架语义分析语料资源的建设对标注人员的专业要求较高，标注粒度较细，所以需要投入大量的人力和时间成本。FrameNet1.7 和 CFN2.0 是当前公开发布的规模较大的框架语义标注数据资源。

1.2 框架语义分析方法概述

本节将围绕框架语义分析的三个基础子任务——目标词识别、框架识别和框架语义角色标注，系统梳理目前国内外学者在这三个子任务以及相关理论和方法上取得的研究进展。

1.2.1 目标词识别方法

目标词识别（TI）子任务的目标是从给定文本中识别出所有目标词。目标词可能是一个单词（字），也可能是一个短语，抑或是某种非连续的固定搭配，如“hand…in、kick…off、take（someone's）life”等。大多数词类，如动词、名词、形容词，甚至介词，在特定条件下都能激起框架，例如，对于介词，在表示时间、位置和方向等意义时能激起框架；对于动词，支撑词不能激起框架，因为它们在句子中主要承担句法作用，一般没有实际语义，如在“make a request”中，“make”为支撑词，它在句法上支配“request”，本身没有实际语义，所以不能激起框架。相较于其他形式的语义分析（如 PropBank、NomBank），目标词的识别只涉及某一类词，框架语义分析中目标词的识别更复杂。

目标词识别所采用的方法大致可分为基于规则的方法、基于序列标注的方法和基于跨度的方法三类。

（1）基于规则的方法

基于规则的方法使用一系列由人工设计的规则从文本中识别目标词。规则主要依据词法和句法特征，如词性、词形、依存句法和成分句法信息等，如 Johansson 和 Nugues 在 SemEval 2007 中设计了 10 条启发式过滤规则，移除出现在特定上下文中的某些词语，将保留下来的词作为目标词。过滤规则如下：

① 只有当 have 有宾语时才被保留；

② 只有当 be 前面为 there 时才被保留；

③ 不保留情态动词 will；

④ 不保留 of course 和 in particular；

⑤ 除非其头部 (head) 被标记为 Locative，否则不保留介词 above、against、

at、below、beside、by、in、on、over 和 under；

⑥ 一般不保留 as、for、so 和 with；

⑦ 除非其头部 (head) 被标记为 Temporal，否则不保留 after 和 before；

⑧ 除非其头部 (head) 被标记为 Direction，否则不保留 into、to 和 through；

⑨ 对于介词 of，因为其能够激起的唯一框架为 Partitive，所以，除非它前面是 only、member、one、most、many、some、few、part、majority、minority、proportion、half、third、quarter、all 或 none，或者它后面是 all、group、them 或 us，否则它不被保留；

⑩ 所有被标记为支撑词的动词都不被保留。

Das 等人对这些规则进行了修改，进一步提升了目标词识别的性能。该类方法的可解释性较强，但对词法和句法分析工具较为敏感，规则设计很难穷尽，且方法的通用性较差，不同语种的文本需要设计不同的规则。

（2）基于序列标注的方法

基于序列标注的方法将目标词识别视为一个序列标注任务，使用 BIO 标签对文本中的词（字）进行标注，其中，B 和 I 分别表示目标词的开始词（字）和中间词（字），O 表示非目标词中的词（字），使用序列标注模型（如条件随机场 CRF）实现对目标词的识别。

代表性的工作是 Bastianelli 等人提出的基于 CRF 的序列标注方法。该方法扩展了传统的 BIO 标注体系，增加了一个 C 标签用来表示非连续目标词，如 set…down、hand…in 等。形式化地，给定文本 $x=\{x_1,\cdots,x_n\}$，该方法的目标是构建一个条件概率模型 $P(t\,|\,x)$ 预测文本对应的输出序列 $t=\{t_1,\cdots,t_n\}$，其中，$t_i\in\{\text{B-Lu},\text{I-Lu},\text{C-Lu},\text{O}\}$ B-Lu、I-Lu 分别为对应的单词为目标词的首词和其他词。例如，句子“I tried setting things down”中包含两个目标词“tried”和“setting…down”，对应的输出标签序列为“O B-Lu B-Lu O C-Lu”。基于 CRF 的序列标注方法可建模为：

$$P(t\,|\,x)=\frac{1}{Z}\exp\left(\sum_{i=1}^{n}E_{x_i,t_i}+\sum_{i=1}^{n}T_{t_i,t_{i+1}}\right) \tag{1.1}$$

式中，$\boldsymbol{E}$ 为发射矩阵；$\boldsymbol{T}$ 为转移矩阵。发射得分 E_{x_i,t_i} 由上下文编码器的输出计算而来，而转换得分 $T_{t_i,t_{i+1}}$ 在模型训练期间自动学习。

与基于规则的方法相比，基于序列标注的方法具有良好的通用性，可适用于不同的语言，而且具有更好的泛化能力，对于未见词也有一定的识别能力。当使用深度神经网络和预训练语言模型作为上下文编码器时，一般也不依赖或不使用句法特征，使得该类方法的通用性和泛化能力进一步提升。

（3）基于跨度的方法

基于跨度的方法将目标词识别视为跨度分类问题。该类方法一般使用两阶段策略，第一阶段产生候选跨度，第二阶段对跨度进行分类。代表性工作是 Lin 等人提出的目标词识别方法，该方法首先枚举给定句子中所有可能的跨度，然后对跨度进行分类，识别出全目标词和部分目标词，其中，全目标词指整个跨度可以作为目标词，部分目标词是指跨度是不连续目标词的一个组成部分。最后，还需要通过构建二分类模型判断任意两个部分目标词是否可以构成完整的非连续目标词。

形式化地，给定文本 $x=\{x_1,\cdots,x_n\}$，$S=\{s_1,s_2,\cdots,s_m\}$，为使用 n-gram 枚举的连续跨度集合，首先构建跨度分类模型 $P_1(t_i \mid s_i)$ 预测跨度的类别 $t_i \in \{\text{F-Lu}, \text{P-Lu}, \text{Null}\}$，其中，F-Lu、P-Lu、Null 分别指全目标词、部分目标词和非目标词。对于 P-Lu 类目标词，进一步构建二分类模型 $P_2(t_{ij} \mid s_i, s_j)$ 预测两个部分目标词能否构造一个非连续的全目标词，其中，$t_{ij} \in \{\text{F-Lu}, \text{Null}\}$，$s_i, s_j \in S_{\text{P-Lu}} \subset S$。基于跨度分类的目标词识别方法可建模为如下的两阶段模型：

$$P_1(t_i \mid s_i) = \text{MLP}(E(s_i)) \tag{1.2}$$

$$P_2(t_{ij} \mid s_i, s_j) = \text{MLP}(E(s_i), E(s_j), E(s_i) \cdot E(s_j)) \tag{1.3}$$

式中，$\text{MLP}(\cdot)$ 和 $E(\cdot)$ 分别表示多层线性网络和上下文表示网络。上下文表示网络一般先采用如 BiLSTM、BERT、RoBERTa 等模型对上下文进行编码，然后从编码器的输出中提取跨度的表示。跨度表示经多层线性网络后被映射到类别空间。

基于跨度分类的方法需要枚举所有可能的跨度以及跨度组合，所以在文本长度较长的情况下运行效率不高。可根据词法、句法信息对跨度进行过滤，以减少候选跨度的数量，从而提高运行效率。

1.2.2 框架识别方法

框架识别（FI）的目标是识别出给定目标词在上下文中所能激起的框架。框架识别本质上是一个语义消歧问题，通常被建模为词（或短语）级语义分类问题。如何获得语义丰富的目标词表示是框架识别的关键问题，根据获取目标词表示所采用的方法的不同，已有方法可分为基于特征工程的方法、基于分布式表示的方法和基于预训练模型的方法。

（1）基于特征工程的方法

基于特征工程的方法首先由人工构造分类特征，然后使用统计机器学习方法构建分类模型。特征通常包括三类：词法特征（如目标词的词性、词根等）、句法特征（如目标词与其他词之间存在的依存关系类型、支配词、从属词等）和语义特征（如目标词的同义词、搭配词等）。Johansson 和 Nugues 为每一个多义目标词选择一组特征，并使用 SVM（support vector machine，支持向量机）为每一个目标词单独构建一个分类器。特征包括：目标词的词干、目标词、目标词的依存关系标签集合、目标词子结点的单词集合、目标词父结点的单词集合。对于动词目标词，特征还包括子范畴化框架特征，该类特征是通过连接目标词子结点的依存关系标签形成的，但不包括主语、插入语、标点和并列成分标签。

Das 等人引入了一个潜变量代表框架原型，构建了统一的条件概率模型实现分类，该模型在所有目标词、框架和潜变量之间共享特征和权重。具体而言，给定文本 $x=\{x_1,\cdots,x_n\}$，t_i 为文本中的第 i 个目标词，原型 $l=(w_l,\pi_l)$ 由在数据集中激起框架 f 的目标词和词性标记组成，采用的框架识别特征主要有三类：t_i 在依存树中 head（头词）的词性、依存标签、父节点词性及依存标签等信息；原型 l 的词序列、词干序列、词性序列；l 和 t_i 在 WordNet 中的关系等。设 $g(f,l,t_i,x)$ 为特征函数，F 为框架语义知识库中所有框架构成的集合，L 为框架语义知识库中所有词元构成的集合，在给定目标词 t_i 和文本 x 的情形下，框架识别可表示为如下的条件概率模型：

$$P_\theta(f,l|t_i,x)=\frac{\exp\left[\boldsymbol{\theta}^{\mathrm{T}}g(f,l,t_i,x)\right]}{\sum_{f'\in F}\sum_{l'\in L_{f'}}\exp\left[\boldsymbol{\theta}^{\mathrm{T}}g(f',l',t_i,x)\right]} \tag{1.4}$$

式中，$f\in F_i$（目标词 t_i 的候选框架集合）；$l\in L_f$（框架 f 的词元集合）；$\boldsymbol{\theta}$ 为模型权重。

基于特征工程的方法高度依赖于词法和句法分析工具，对工具的性能较为敏感，获得的模型泛化能力较差，但具有较高的可解释性，能为深度学习模型的改进带来很多启发。

（2）基于分布式表示的方法

基于分布式表示的方法使用低维稠密的连续实值向量对框架识别的特征进行表示，语义表示能力显著优于采用离散特征的基于特征工程的方法。在分类模型构建方面，该类方法采用浅层神经网络模型，模型的拟合能力更强。代表性工作有：Hermann-14 模型和 SimpleFrameId 模型。

Hermann-14 首先将目标词所在依存路径上每个单词的嵌入向量拼接起来，形成一个高维向量作为目标词的上下文表示，然后使用线性网络将高维向量映射成一个低维向量，同时将框架也映射为与上下文表示维度相同的低维向量，使用配对损失对模型进行训练，最后通过计算两个向量的语义相似度实现框架预测。

形式化地，给定文本 $x=\{x_1,\cdots,x_n\}$，$T(x)$ 为其对应的依存解析树，x_t 为文本中指定的目标词。设 $D=\{d_1,d_2,\cdots,d_k\}$ 为存在于目标词 x_t 与其他词之间的所有可能的 k 条依存路径的集合，$g(x,T(x),x_t,D)$ 为目标词的上下文语义特征提取函数，该函数从文本 x 中提取与目标词 x_t 之间存在 D 中指定的依存路径上的单词，然后将单词的嵌入表示拼接成一个维度为 $k\times n$ 的高维特征向量 $\boldsymbol{v}\in\mathbb{R}^{n\times k}$，即函数 $g(x,T(x),x_t,D)$ 的输出可表示为：

$$\boldsymbol{v}=[\boldsymbol{v}_{d_1};\boldsymbol{v}_{d_2};\cdots;\boldsymbol{v}_{d_k}] \tag{1.5}$$

式中，$\boldsymbol{v}_{d_j}\in\mathbb{R}^n$ 为第 d_j 个依存路径上对应单词的 n 维嵌入表示；“;”表示向量拼接。如果在 $T(x)$ 中找不到指定的依存路径 d_j，则 $\boldsymbol{v}_{d_j}$ 为全 0 向量。为便于描述，以下使用 $g(x)$ 代替 $g(x,T(x),x_t,D)$ 以简化表示。如图 1.4 所示，左侧虚线框内为 $g(x)$ 函数的功能结构示意，其中，“advmod”“prep → pobj”“prep → pobj → poss”分别为目标词“bought”与单词“recently”“shop”“grocery”之间的三条语义依存路径，这三个单词对应的嵌入表示将会被拼接到向量 $\boldsymbol{v}$ 中。

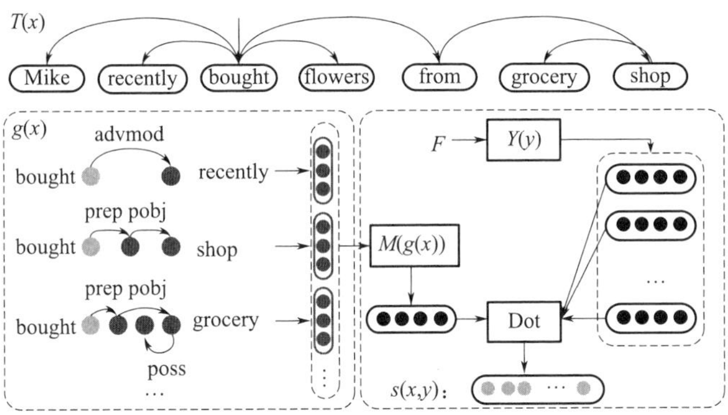

图 1.4　Hermann-14 模型结构示意图

在获得目标词的上下文语义特征的向量表示后，还需要把所有的框架映射为与目标词表示维度相同的向量。设 F 为框架库中所有框架构成的集合，l 为目标词 x_t 对应的词元，则目标词 x_t 可能激起的框架集合为 F_l，也称为目标词 x_t 的候选框架集合。已知 $y\in F$ 为任一框架，$M(\cdot)$ 和 $Y(\cdot)$ 分别为目标词表示和框架嵌入的线性变换函数，它们分别将目标词表示和框架映射为 m 维向量，然后采用如下的向量点积 (Dot) 公式计算它们之间的语义相似度：

$$s(x,y)=M(g(x))\cdot Y(y) \tag{1.6}$$

SimpleFrameId 采用了两种简单的方法获取目标词的上下文表示，一是将目标词所在句子中所有单词嵌入向量的平均向量作为目标词的上下文表示，二是将目标词的依存路径上所有单词嵌入向量的平均向量作为目标词的上下文表示。该模型使用两层神经网络构建分类器，并使用 Glove 作为词嵌入向量的初始值。

基于分布式表示的方法提高了模型的泛化能力，但仍然对句法和词法分析工具（如分词和依存解析工具）较为敏感，不同的预处理工具可能会直接导致不一致的框架识别结果，Kabbach 等人对这一现象进行了详细研究，分析了使用不同工具对数据进行预处理和后处理对框架识别性能的影响。

（3）基于预训练模型的方法

基于预训练模型的方法使用预训练模型（如 BERT、RoBERTa 等）作为框架识别模型的骨干网络，以预训练模型的输出作为文本的上下文表示，在此基础上获取目标词的上下文表示，以该表示为特征构建分类模型。代表性工作是 Tan 和 Na 提出的 PAFIBERT 模型，该模型使用基于位置的局部注意力机制获得上下文感知的目标词表示，在模型训练过程中对预训练模型进行微调。PAFIBERT 模型结构如图 1.5 所示，模型由编码层、表示层和分类层三部分组成。

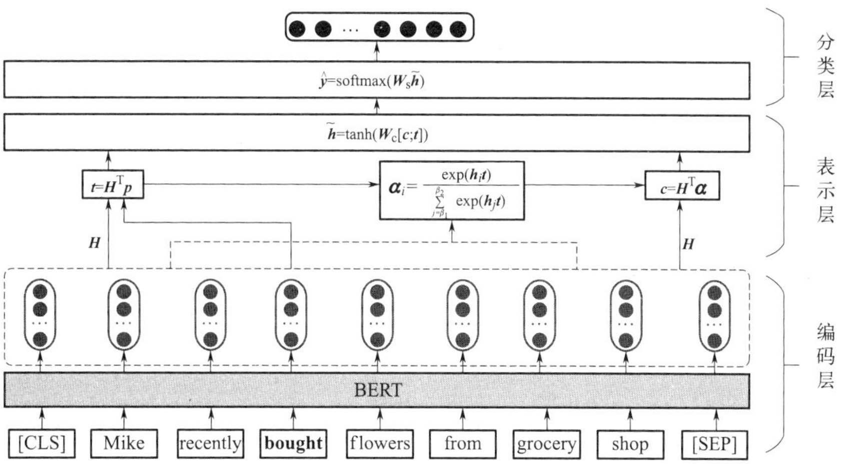

图 1.5　PAFIBERT 模型结构示意图

已知文本 $x=\{x_1,\cdots,x_n\}$，x_t 为文本中指定的目标词，编码层实现对文本的编码，其输出记为 $\boldsymbol{H}\in\mathbb{R}^{\tilde{n}\times d}$。表示层用来构建目标词的上下文语义表示，

PAFIBERT 认为分布在目标词周围特定范围 [β_1 ， β_2] 内的词对于建模目标词上下文表示起着至关重要的作用。因此，在使用 BERT 获取文本全局编码 $\boldsymbol{H}$ 的基础上，PAFIBERT 进一步采用局部注意力的机制获取目标词的局部上下文语义表示。首先计算局部注意力得分：

$$\boldsymbol{\alpha}_i = \frac{\exp(\boldsymbol{h}_i \boldsymbol{t})}{\sum_{j=\beta_1}^{\beta_2} \exp(\boldsymbol{h}_j \boldsymbol{t})} \tag{1.7}$$

式中， $\boldsymbol{t}, \boldsymbol{h}_i \in \mathbb{R}^d$ 分别为目标词 x_t 和范围 [β_1 ， β_2] 内第 i 个 Token 在 $\boldsymbol{H}$ 中对应的表示。然后，基于注意力机制得到目标词的局部上下文语义表示 $\boldsymbol{c} = \boldsymbol{H}^{\mathrm{T}} \boldsymbol{\alpha}$。该表示与目标词表示融合后，形成分类的特征表示 $\tilde{\boldsymbol{h}} \in \mathbb{R}^d$，即：

$$\tilde{\boldsymbol{h}} = \tanh(\boldsymbol{W}_{\mathrm{c}}[\boldsymbol{c};\boldsymbol{t}]) \tag{1.8}$$

最后，由分类层将特征表示 $\tilde{\boldsymbol{h}}$ 映射为在框架集合上的概率分布，计算方法为：

$$\hat{\boldsymbol{y}} = \mathrm{softmax}(\boldsymbol{W}_{\mathrm{s}} \tilde{\boldsymbol{h}}) \tag{1.9}$$

其中，$\boldsymbol{W}_{\mathrm{c}}$ 和 $\boldsymbol{W}_{\mathrm{s}}$ 为可学习的参数矩阵。

此外，有些学者构建了基于预训练模型的联合学习模型，包括两个子任务（FI 和 FSRL）的联合学习模型和三个子任务（TI、FI 和 FSRL）的联合学习模型，在这些模型中，通常直接使用目标词的上下文表示构建分类器。联合学习模型对 FSRL 任务的性能提升具有较大的帮助，但对 FI 性能的提升并不显著。得益于预训练模型强大的表示能力，它可以隐含地表示目标词的形态、依存关系和语义特性，从而省去了复杂的句法特征提取和预处理工作，提升了模型的泛化能力。

1.2.3 框架语义角色标注方法

框架语义角色标注（FSRL）旨在识别目标词（谓词）对应的论元及它们在当前框架（目标词激起的框架）中充当的框架语义角色。根据建模方法的不同，现有方法可以分为四类：基于概率图的方法、基于序列标注的方法、基于图的方法和基于查询的方法。

（1）基于概率图的方法

基于概率图的方法将 FSRL 视为一个全局最优化问题。该类方法首先学习一个打分函数，为给定目标词的所有可能的（论元，角色）对打分，然后基于这些分数使用优化算法在满足特定结构约束的条件下搜索全局最优解。具体而言，给定一个句子，并指定目标词及其在句子中激起的框架，S 和 R 为可能的论元集合和角色集合，$g(s,r;\theta)$ 为学习到的打分函数，其中，θ 为打分函数的参数集合。该类方法首先使用打分函数为每一个（论元，角色）对 $(s,r)\in R\times S$ 进行打分，然后在打分的基础上使用如线性规划、动态规划等优化方法在空间 $R\times S$ 上搜索满足特定语义约束的全局最优解。

在 FSRL 任务中，搜索全局最优解时需要满足的约束有四类，即唯一性、非重叠、互斥和共现。唯一性指每个角色最多由一个论元填充；非重叠指任意两个论元的边界不能重叠；互斥指有一些角色不能在一个上下文中同时表达出来；共现指有一些角色必须在上下文中同时表达出来。如表 1.6 所示的框架“使连接（Attaching）”中，核心框架元素“多个物体（Items）”与核心框架元素集合 {物体（Item），终点（Goal）} 在语义上是互斥的，而“物体（Item）”和“终点（Goal）”在语义上需要共现。换句话说，当框架元素“多个物体（Items）”出现在句子中时，“物体（Item）”和“终点（Goal）”都不能出现。当“物体（Item）”出现时，“终点（Goal）”必须出现，或者当“终点（Goal）”出现时，“物体（Item）”必须出现，即它们二者必须同时出现。

表1.6 框架“使连接（Attaching）”在CFN框架库中的描述示例

<table>
<tr><th colspan="2">框架</th><th colspan="2">使连接（Attaching）</th></tr>
<tr><td colspan="2">框架定义
（Definition）</td><td colspan="2">该框架涵盖两种情况：一是施动者借助某种连接介质接合物体与目标，在物体与终点之间形成一种不对称的关系；二是施动者把两个个体彼此接合在一起，一方作为另一方的终点，在物体之间存在一种对称的关系。在两种情况下，连接介质用来黏合两个实体</td></tr>
<tr><td rowspan="6">框架元素
（Frame elements）</td><td rowspan="6">核心框架元素
（Core）</td><td>施动者
Agent [Agt]</td><td>(a) 指操作物体使其连接的人，这一角色也可以由无生命的机械或物体充当
(b) 劫匪把小王绑到椅子上</td></tr>
<tr><td>连接介质
Connector[conn]</td><td>(a) 连接介质保持物体或者多个物体在某一固定位置的接合
(b) 劫匪用绳子把小王绑到了椅子上</td></tr>
<tr><td>终点
Goal [goal]</td><td>(a) 终点表示物体被连接到的地方
(b) 劫匪把小王绑到椅子上</td></tr>
<tr><td>物体
Item[item]</td><td>(a) 该框架元素表示施动者连接到终点上的物体
(b) 劫匪把小王绑到椅子上</td></tr>
<tr><td>多个物体
Items [items]</td><td>(a) 该框架元素表示互相接合的复数物体
(b) 劫匪把小王的两只脚绑在了一起</td></tr>
<tr><td colspan="2">注意: 当框架元素“多个物体（Items）”出现在句子中时，“物体（Item）”和“终点（Goal）”都不能出现。当“物体（Item）”出现时，“终点（Goal）”必须出现，或者当“终点（Goal）”出现时，“物体（Item）”必须出现</td></tr>
</table>

续表

<table>
<tr><th colspan="2">框架</th><th colspan="2">使连接（Attaching）</th></tr>
<tr><td rowspan="4">框架元素
（Frame elements）</td><td rowspan="4">非核心框架元素
（Non-core）</td><td>处所
Place [place]</td><td>(a) 该框架元素表示施动者接合物体或多个物体的处所
(b) 劫匪在地下室里把小王绑到了椅子上</td></tr>
<tr><td>目的
Purpose [purp]</td><td>该框架元素表示接合行为的目的</td></tr>
<tr><td>结果
Result [result]</td><td>(a) 该框架元素表示接合事件的结果
(b) 劫匪把他的脚绑到了一起</td></tr>
<tr><td colspan="2">其他非核心框架元素：时间 Time[time]，程度 Degree [degr]，动作时量 Duration_of_action [dur_action]，频率 Frequency [freq]，连接点 Handle [handle]，工具 Instrument [instru]，方式 Manner [manr]，方法 Means [mns]，迭代周期 Period_of_iterations[p_iter]</td></tr>
<tr><td colspan="2">框架关系
（Frame-to-frame relations）</td><td colspan="2">所继承框架（Inherits from）：[Intentionally_affect| 有意影响]
被使用框架（Is Used by）：[Connectors| 连接介质]
因果框架（Is Causative of）：[联结 |Becoming_attached]</td></tr>
<tr><td colspan="2">词元
（Lexical units）</td><td colspan="2">绑 .v，分开 .v，焊接 .v，接合 .v，捆绑 .v，捆扎 .v，连接 .v，连结 .v，束缚 .v，拴 .v，粘贴 .v，熔合 .v，粘合 .v，缝合 .v，结合 .v，缚 .v，铐 .v，系 .v，钩 .v，粘 .v，钉 .v，贴 .v，铆 .v，别 .v</td></tr>
</table>

如图 1.6 所示，例句 a 和 b 分别表达“使连接”框架的两种情况，例句 a 表达的是将单个物体与目标相结合，例句 b 表达的是将多个物体相结合，“单个物体（Item）”和“多个物体（Items）”的出现表达的是不同情形下的“使连接”，所以不可能同时出现在一个句子中，它们之间表现为互斥关系。“单个物体（Item）”和“目标（Goal）”两个角色要同时出现，才能完整表达“使连接”这一框架所要表达的语义，例句 a 中只有将“单个物体（Item）”和“目标（Goal）”同时表达出来，才能表达出将物体与目标相结合的语义，两个角色表现为共现关系。

a.[劫匪]$_{Agent}$把 [小王]$_{Item}$ *绑* [到椅子上]$_{Goal}$。
b.[劫匪]$_{Agent}$把[小王的两只脚]$_{Items}$ *绑*[在了一起]$_{Result}$。

图 1.6 框架“使连接（Attaching）”标注例句示例

基于概率图的方法之间的差异主要表现在三个方面，即打分函数、优化算法和语义约束，表 1.7 中列出了几个代表性模型在这三个方面的差异。早期的研究使用人工设计的离散特征作为线性评分函数的输入。随着深度学习的兴起，基于概率图的 FSRL 研究使用预训练的静态词嵌入作为输入特征，使用循环神经网络进行上下文表示，使用线性函数构建打分函数。基于概率图的方法旨在求解满足框架语义约束的全局最优解，有助于获得结构良好的框架语义自动标注结果，然而，这类方法具有较高的运行复杂性。为了减小运行复杂度，大多数研究采用基于规则的修剪策略来过滤候选论元跨度，从而可以减小搜索空间。剪枝规则通常使用依存句法和短语结构句法特征。

表1.7　基于概率图的代表性工作对比

作者	打分函数	优化算法	语义约束
Das 等人	对数线性函数（log-linear）	对偶分解（dual decomposition）	唯一性、非重叠、互斥、共现
Kshirsagar 等人	线性函数（linear）	整数线性规划（integer linear programming）	唯一性、非重叠
Käckström 等人	线性函数（linear）	整数线性规划（integer linear programming）	唯一性、非重叠
FitzGerald 等人	神经网络和线性函数（neural network&linear）	整数线性规划（integer linear programming）	唯一性、非重叠
Swayamdipta 等人	分段循环神经网络和线性函数（segmental RNN&linear）	半马尔可夫动态规划（semi-Markov dynamic programming）	非重叠
Swayamdipta 等人	双向长短时记忆网络和线性函数（BiLSTM&linear）	半马尔可夫动态规划（semi-Markov dynamic programming）	非重叠
Peng 等人	双向长短时记忆网络和线性函数（BiLSTM&linear）	整数线性规划（integer linear programming）	非重叠

（2）基于序列标注的方法

基于序列标注的方法将 FSRL 视为结构（序列）预测问题，根据对问题建模方式的不同可分为面向词标注的方法和面向跨度标注的方法。

面向词标注的方法采用传统的 BIO 标记方案，充当某个角色（role）的论元首词（字）标记为“B-[role]”，其他词（字）标记为“I-[role]”，不是任一论元组成成分的其他词（字）标记为“O”，[role] 为角色名称占位符，根据角色名称的不同而不同。面向词标注的方法能够比较有效地捕捉同一跨度内词与词之间的依存关系，从而有助于识别出充当某一语义角色的论元，但在捕获角色之间依赖关系方面，该类方法的能力较弱。代表性工作有 Yang 和 Mitchell 提出的基于双向 LSTM 和条件随机场（CRF）的序列标注模型。该模型将框架语义角色标注任务建模为词级序列标注问题，模型结构如图 1.7 所示，由特征嵌入层、BiLSTM 编码层和 CRF 层组成。

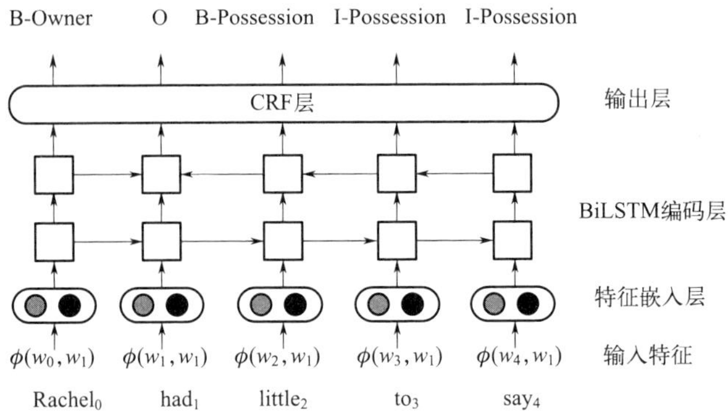

图 1.7　Yang 和 Mitchell 框架语义角色标注模型结构图

该模型的特征嵌入层用来获取输入文本 $x=\{w_0,w_1\cdots,w_n\}$ 中每个词的初始化向量表示，每个词的表示由该词的预训练词向量、目标词的预训练词向量、当前词是否为目标的“邻居”（大小为 5 的窗口范围内）词三部分信息拼接而成。形式化地，设 w_j 为当前词，则特征嵌入层可表示为如下的函数形式：

$$\phi(w_j,t)=[\boldsymbol{v}_{w_j};\boldsymbol{v}_t;\text{pos}] \tag{1.10}$$

式中，$\boldsymbol{v}_{w_j}$ 和 $\boldsymbol{v}_t$ 分别为当前词 w_j 和目标词 t 的静态词向量；pos =1 或 0 为指定词 w_j 是否为 t 的“邻居”，1 和 0 分别表示是与否。图 1.7 中目标词 t 为“had”，即 $t=w_1$。

通过特征嵌入层，模型将词序列转换成了向量序列。编码层以向量序列为输入，使用 BiLSTM 对文本进行上下文语义建模，并将最后一层隐层表示作为 CRF 层的输入，最后使用 CRF 估计序列的标签分布：

$$P_{\text{seq}}(y\mid t,f,x;\theta)=\frac{1}{Z_f}\exp(\sum_{i=1}^{n}C_{i,y_i}+\sum_{i=1}^{n}T_{y_i,y_{i+1}}) \tag{1.11}$$

式中，Z_f 是依赖于框架 f 的归一化常数，因为给定框架 f，其所包含的角色是确定的，模型只在该框架所包含的角色上进行归一化，所以在特定框架下 Z_f 是一个常量；C_{i,y_i} 是给第 i 个词分配标签 y_i 的得分；$T_{y_t,y_{t+1}}$ 是从标签 y_t 转移到 y_{t+1} 的得分；θ 表示模型参数，包括 BiLSTM 的神经网络参数和 CRF 中的转移矩阵 $\boldsymbol{T}$。

面向跨度标注的方法一般分为两个阶段，即第一阶段识别充当论元的跨度，第二阶段对识别出的论元进行角色标注。该类方法有利于捕捉角色之间的依赖关系，但两阶段识别的方式存在错误传播问题。代表性的工作有：Marcheggiani 等人提出了基于跨度 GCN（spanGCN）和 CRF 的序列标注方法，该方法使用 GCN

将句法信息融入文本表示中；Chen 等人使用分层指针网络从文本中识别论元，使用 LSTM 和多层感知机（MLP）实现对论元的角色序列标注；Bastianelli 等人提出了一种论元识别和角色标注的联合学习模型，该模型将论元识别视为一种面向词的 BIO 序列标记任务，将角色标注视为面向跨度的序列标注任务。Bastianelli 模型的结构如图 1.8 所示，论元识别（AI）模块采用双线性（Bi-linear）网络对文本序列进行编码，使用 CRF 模型进行序列标注。角色标注（AC）模块首先从论元识别模块的预测结果中解码出论元，即解码出 B 和 I 标签序列对应的跨度，形成论元序列，然后使用 CRF 模型对论元序列进行角色标注。

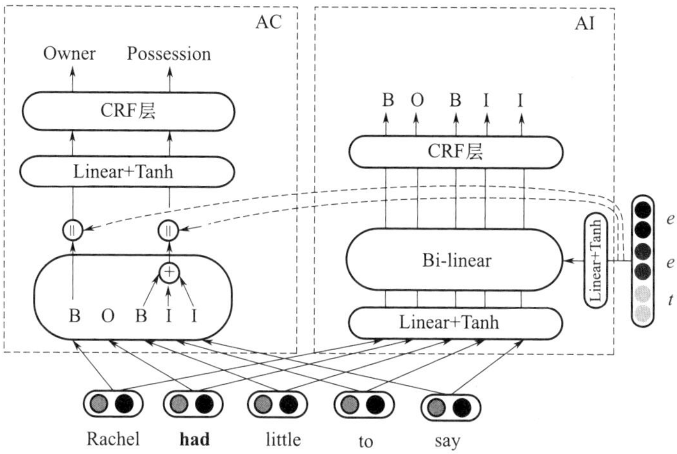

图 1.8　Bastianelli 模型结构示意图

（3）基于图的方法

基于图的方法将 FSRL 建模为一个图构建过程，即按一定的顺序依次从文本中识别出结点及结点之间的边，然后形成一个框架语义角色图。Zheng 等人提出了一种基于双图的框架语义角色标注模型，该模型将（目标词，框架）对作为图构建的起始结点，然后逐一识别出（论元，角色）对，并逐步添加到图中，后序结点的识别依赖于前序结点的信息。（论元，角色）对的识别采用两步策略，即先识别论元，然后再对论元进行角色分类。Lin 等人提出了一种基于图的端到端框架语义分析模型 FParser，该模型将目标词和论元视为图中的结点，角色视为结点之间的边，模型首先从文本中识别出目标词和论元，作为图的结点，然后预测每一对（目标词，论元）之间边的类型，即角色。Lin 等人提出的方法假设角色之间是相互独立的，而 Zheng 等人提出的方法假设前序结点的状态可能会影响后续结点的状态，即角色之间存在依赖关系，这一点与基于序列标注的方法相同。

FParser 模型将目标词识别、框架识别和框架语义角色标注建模到一个统一的模型中，并将框架语义分析视为一个图构建过程，包括结点构建和边构建两个阶段。结点构建阶段实现目标词识别、论元识别、框架识别，边构建阶段实现非连续目标词识别和论元角色分类，两阶段共享文本编码器。FParser 的框架结构如图 1.9 所示，模型预测过程可分解为编码、结点构建和边构建三个阶段。

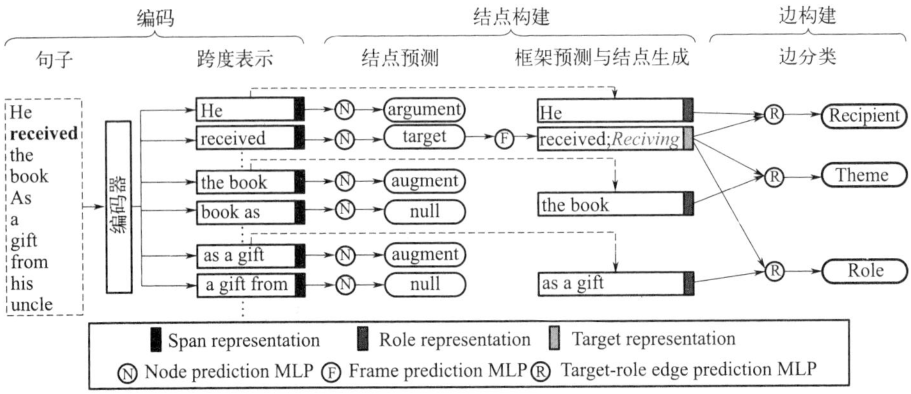

图 1.9　基于图的 FParser 模型结构示意图

① 编码。形式化地，给定输入文本 $x=\{w_1,\cdots,w_n\}$，首先通过由 BERT 和双向高阶长短时记忆网络（BiHLSTM）组成的编码器（encoder）获得文本的上下文语义表示 $h_1,\cdots,h_n$，编码过程如下：

$$\boldsymbol{h}_1,\cdots,\boldsymbol{h}_n=\mathrm{BiHLSTM}(BERT(x)) \tag{1.12}$$

然后，模型枚举文本中所有长度不超过 L 的跨度，构成跨度集合 $S=\{s_1,\cdots,s_m\}$，并从上下文语义表示中获取每一个跨度的表示，其中，跨度 s_i 的向量表示为：

$$\boldsymbol{g}_i=[\boldsymbol{h}_{\mathrm{START}(i)};\boldsymbol{h}_{\mathrm{END}(i)};\boldsymbol{h}_{\mathrm{ATT}};\phi(\cdot)] \tag{1.13}$$

式中，$\phi(\cdot)$ 表示跨度宽度特征的嵌入表示；$\boldsymbol{h}_{\mathrm{ATT}}$ 为基于自注意力机制的跨度表示，该机制根据归一化的注意力得分计算跨度内所有单词向量表示的加权平均；START(i) 和 END(i) 分别表示跨度 s_i 在文本中的起始位置和结束位置。

② 结点构建。FParser 利用跨度分类实现结点构建目标，即将跨度识别成不同类型的结点。图结点可以是一个完整的目标词结点，或者是非连续目标词的一个组成部分（称为部分目标词结点）；结点也可以是充当角色的结点（也称为论元结点）。因此，在跨度分类时涉及以下四类跨度：完整目标词（FPRD）、部分目标词（PPRD）、论元（ARG）、非结点（Null）。一个跨度如果被识别成 Null，

则该跨度不被视为图的结点。给定跨度s_i的向量表示$\boldsymbol{g}_i$，FParser 使用一个多层线性网络 MLP 和 softmax 函数计算跨度在四种类型上的概率分布p_{n}，即：

$$p_{\mathrm{n}} = \mathrm{softmax}(\mathrm{MLP}_{\mathrm{n}}(\boldsymbol{g}_i)) \tag{1.14}$$

选择概率最大的类型作为跨度的类型，所有非 Null 类型的跨度都被视为图结点。

识别出结点后，还需进一步对目标词结点（FPRD 或 PPRD）进行分类，从而识别出其在文本中能够激起的框架。给定结点对应的跨度s_i的向量表示$\boldsymbol{g}_i$，框架识别的概率分布为：

$$p_{\mathrm{c}} = \mathrm{softmax}(\mathrm{MLP}_{\mathrm{c}}(\boldsymbol{g}_i)) \tag{1.15}$$

选择概率最大的框架作为目标词激起的框架，并将预测出的框架也视为图结点。

③ 边构建。在图结点构建完成后，FParser 进一步构建结点之间的边，以及识别边的类型。边的类型涉及两大类，一类是两个部分目标词之间的边 (FPRD-FPRD edges)，另一类是目标词与论元之间的边 (PRD-ARG edges)。两类边的识别采用两个独立的分类器来实现。

为了能够识别出非连续目标词（如 put…off），模型在 PPRD 结点之间建立边，并使用一个二分类器识别边的类型（Connected 或 Null）。如果两个结点构成非连续目标词，则边的类型为 Connected，否则为 Null。给定两个 PPRD 结点对应的跨度表示$\boldsymbol{g}_i^{\mathrm{p}}$和$\boldsymbol{g}_j^{\mathrm{p}}$，二分类器对应的概率分布为$p_{\mathrm{pe}}$可表示为：

$$p_{\mathrm{pe}} = \mathrm{softmax}(\mathrm{MLP}_{\mathrm{pe}}([\boldsymbol{g}_i^{\mathrm{p}};\boldsymbol{g}_j^{\mathrm{p}};\boldsymbol{g}_i^{\mathrm{p}} \cdot \boldsymbol{g}_j^{\mathrm{p}}])) \tag{1.16}$$

为了识别论元在当前框架中充当的角色，模型在目标词结点（FPRD 或 PPRD 结点）和论元结点（ARG 结点）之间建立边，并使用一个多标签分类器识别边的类型，即论元的角色。给定一个目标词结点和一个论元结点对应的跨度表示$\boldsymbol{g}_i^{\mathrm{p}}$和$\boldsymbol{g}_j^{\mathrm{r}}$，多标签分类器的概率分布$p_{\mathrm{re}}$可表示为：

$$p_{\mathrm{re}} = \mathrm{softmax}(\mathrm{MLP}_{\mathrm{pe}}([\boldsymbol{g}_i^{\mathrm{p}};\boldsymbol{g}_j^{\mathrm{r}};\boldsymbol{g}_i^{\mathrm{p}} * \boldsymbol{g}_j^{\mathrm{r}}])) \tag{1.17}$$

其中，边的类型由所有框架语义角色标签和一个 Null 标签组成，Null 标签表示两个结点之间无关系，即论元在当前框架中不充当任何角色。

（4）基于查询的方法

基于查询的方法将角色标注视为一种语义检索问题，即以语义角色标签为查询项从文本中检索论元。代表性的工作是 Zheng 等人提出的基于框架定义的框架语义角色标注模型 AGED，模型结构如图 1.10 所示。该模型将框架定义作为语义角色标签的上下文，与待标注的文本一起输入预训练模型 BERT 进行语义编码，目的是加强语义角色标签与论元之间的语义交互，从而获得更好的语义角色标签表示；最后以语义角色标签在上下文中的语义表示作为查询项，使用指针网络从待标注文本中查询论元的起始位置和结束位置，从而得到该角色对应的论元。

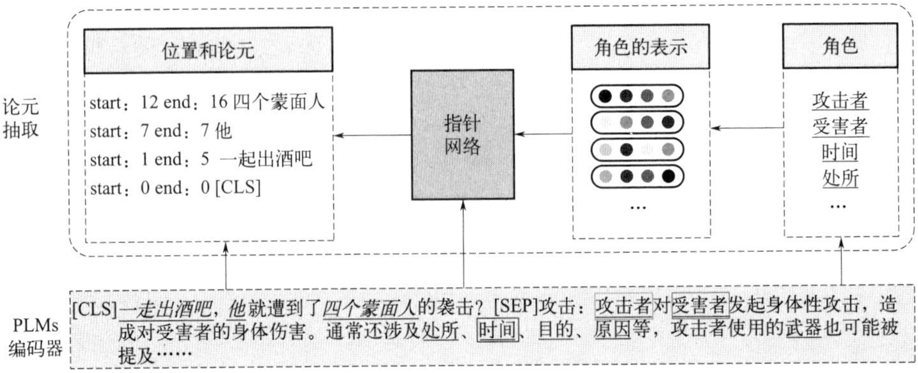

图 1.10　AGED 模型结构示意图

形式化地，设 $S=\{x_1,\cdots,x_n\}$ 和 $D=\{w_1,\cdots,w_n\}$ 分别表示输入文本和框架定义，AGED 模型首先将它们以形式“[CLS] S [SEP] D”拼接，然后送入基于预训练模型的编码器（如 BERT）获得输入的上下文语义表示，该过程可表示为：

$$\left[\boldsymbol{H}^S;\boldsymbol{H}^D\right]=\text{Encoder}(S,D) \tag{1.18}$$

式中，$\boldsymbol{H}^S$ 和 $\boldsymbol{H}^D$ 分别为文本的上下文语义表示和框架定义的上下文语义表示。

随后，AGED 将角色在上下文中的语义表示作为查询项，使用指针网络从文本中检索角色对应论元的起始和结束位置，从而得到角色对应的论元。如图 1.10 所示，矩形框标注的词即为框架定义中包含的角色名称，“攻击者”为框架定义中出现的第一个角色。设 fe_i 为框架定义 D 中包含的第 i 个角色名称，它在 D 中的起始位置和结束位置分别为 s_i^{r} 和 e_i^{r}，则该角色的上下文语义表示为：

$$\boldsymbol{q}_i=\text{Maxpooling}(\boldsymbol{h}_{s_i^{\text{r}}}^D,\cdots,\boldsymbol{h}_{e_i^{\text{r}}}^D) \tag{1.19}$$

在得到第 i 个角色的表示 $\boldsymbol{q}_i$ 后，AGED 以 $\boldsymbol{q}_i$ 为查询项从 S 中识别角色对应论元的起始位置 s_i 和结束位置 e_i，它们在 S 中所有词上的概率分布如下：

$$P(s_i\mid S,D,\boldsymbol{q}_i)=\text{softmax}\left((\boldsymbol{W}^s\boldsymbol{q}_i)^{\text{T}}\boldsymbol{H}^S\right) \tag{1.20}$$

$$P(e_i\mid S,D,q_i)=\text{softmax}\left((\boldsymbol{W}^e\boldsymbol{q}_i)^{\text{T}}\boldsymbol{H}^S\right) \tag{1.21}$$

其中，$\boldsymbol{W}^{\mathrm{s}}$ 和 $\boldsymbol{W}^{\mathrm{e}}$ 为可学习的参数矩阵。在预测时，分别根据这两个公式选择概率最大的位置作为起始位置或结束位置，当位置指向 [CLS] 时，表示未在文本中找到角色对应的论元。

综上所述，早期的研究大多采用流水线的方式构建框架语义分析模型，即为 TI、FI 和 FSRL 三个子任务分别构建模型，然后依次执行，完成对文本的框架语义角色分析。最近的研究大多采用联合建模的方式，大体可分为两类，一类是将 FI 和 FSRL 两个子任务进行联合建模，另一类是将三个子任务联合建模。联合建模的方式可以在一定程度上缓解流水线方式面临的错误传播问题，然而，联合建模仍面临目标词与论元重叠、语义依赖关系建模不充分、运行效率低等一系列问题。

1.3　框架语义分析的评价指标

框架语义分析的评价指标分为通用指标和专用指标两类。通用指标采用类似于信息检索中使用的精确率（precision，P）、召回率（recall，R）和 F1 值。它们的定义为：

$$P = \frac{|\mathrm{gold} \cap \mathrm{pred}|}{|\mathrm{pred}|} \tag{1.22}$$

$$R = \frac{|\mathrm{gold} \cap \mathrm{pred}|}{|\mathrm{gold}|} \tag{1.23}$$

$$\mathrm{F1} = \frac{2PR}{P+R} \tag{1.24}$$

式中，gold 和 pred 分别表示数据集中真实的角色（目标词或框架）集合和模型预测的角色（目标词或框架）集合。

在专门针对 F1 的性能评价中，假定目标词是已知的，所以一般采用准确率（accuracy，Acc）这一通用指标评价模型性能，Acc 的计算公式为：

$$\mathrm{Acc} = \frac{|\mathrm{pred\_frame} \cap \mathrm{gold\_frame}|}{|\mathrm{gold\_frame}|} \tag{1.25}$$

式中，pred_frame 为预测的框架集合；gold_frame 为真实的框架集合。

全结构评价指标是一个评价 FI 和 FSRL 联合标注性能的专用指标，该指标在 SemEval 2007 框架语义评价中被首次提出。该指标实质上是通用指标的一个加权版本，根据真实框架与预测框架在框架网中的距离为预测框架设置不同的权重，为不同类型的角色（核心或非核心）设置不同的权重。全结构评价指标仍由精确率（F-precision，FP）、召回率（F-recall，FR）和 FF1 值三个指标组成。它们的计算公式为：

$$\mathrm{FP}=\frac{\sum_{i=1}^{|P_\mathrm{f}|}\mathrm{pow}(\alpha,\mathrm{hops}(\mathrm{fp}_i,\mathrm{fg}_i))+\sum_{j=1}^{|G_\mathrm{r}\cap P_\mathrm{r}|}\beta(\mathrm{rp}_j)}{\sum_{i=1}^{|G_\mathrm{f}|}\mathrm{pow}(\alpha,0)+\sum_{j=1}^{|P_\mathrm{r}|}\beta(\mathrm{rp}_k)} \tag{1.26}$$

$$\mathrm{FR}=\frac{\sum_{i=1}^{|P_\mathrm{f}|}\mathrm{pow}(\alpha,\mathrm{hops}(\mathrm{fp}_i,\mathrm{fg}_i))+\sum_{j=1}^{|G_\mathrm{r}\cap P_\mathrm{r}|}\beta(\mathrm{rp}_j)}{\sum_{i=1}^{|G_\mathrm{f}|}\mathrm{pow}(\alpha,0)+\sum_{j=1}^{|G_\mathrm{r}|}\beta(\mathrm{rg}_k)} \tag{1.27}$$

$$\mathrm{FF1}=\frac{2\times\mathrm{FP}\times\mathrm{FR}}{\mathrm{FP}+\mathrm{FR}} \tag{1.28}$$

式中，G_f、P_f、G_r 和 P_r 分别表示目标词激起的真实框架集合、预测框架集合、真实角色集合和预测角色集合；fg、fp、rg 和 rp 分别表示真实框架、预测框架、真实角色和预测角色；pow(·) 为指数函数，pow(·) 函数在一定程度上反映了预测框架与真实框架之间的语义相似性，二者在框架网中的距离（跳数）越远，函数值越小；当二者为同一框架时，函数值为 1；α 为一个大于 0 小于 1 的常量，在已有研究中一般取值为 0.8；hops(·) 是一个计算两个框架在框架网中最短距离（跳数）的函数；$\beta(\cdot)$ 是一个关于角色类型（核心或非核心）的二值打分函数，核心角色（核心框架元素）对应的函数值大于非核心角色（非核心框架元素）对应的函数值，在已有研究中一般设为 1 和 0.5。全结构评价指标放松了通用指标对框架完全匹配的要求，减小了非核心角色的权重，鼓励模型提升核心角色的识别能力。

有些学者使用全结构评价指标的变种形式对框架语义分析的单个任务进行评价，如单独评价 FSRL 模型的性能，即在目标词和框架已知的情况下，仅评价框架语义角色标注的性能。此时，全结构评价退化为加权的语义角色标注评价，精确率 FP 和召回率 FR 只保留分子和分母中的第二项。

1.4 框架语义分析的挑战

框架语义分析是一项极具挑战的自然语言处理基础任务，当前虽然取得了一定的研究进展，并被应用到多个自然语言处理任务上，但仍未达到令人满意的分析性能，仍面临诸多挑战。

（1）框架语义知识表示与融合应用问题

框架语义知识库中包含丰富的语义知识，包括框架定义、框架元素、框架元素定义、框架关系、词元、词元定义等，这些知识具有显著的异构特性、形式多样的特点，既有反映语义的非结构化知识，又有反映框架结构的结构化知识，也有反映各种关系的网状知识。这些知识能够为框架语义分析提供有力的指导，但如何实现对异构知识的表示，以及如何将知识融合到框架语义分析模型中是当前面临的一大挑战。

（2）跨度语义表示与跨度关系建模问题

框架语义分析任务中涉及的目标词识别和框架识别任务属于跨度级分类任务，框架语义角色标注属于跨度级关系分类任务。由于框架语义分析中涉及的跨度具有多样性，如目标词跨度涉及连续跨度和非连续跨度；论元跨度长度多样，可能是一个词或短语，甚至是一个从句或分句；有的论元跨度在句法上与目标词具有直接依存关系，有些论元跨度和目标词之间并不存在语法上的支配关系。因此，如何获取语义丰富的跨度表示和跨度之间关系表示既是框架语义分析的基础问题，也是一个挑战性问题。

（3）统一建模与错误传播问题

框架语义分析涉及目标词识别、框架识别和框架语义角色标注三个子任务，或者说是三个阶段，通过这三个阶段才能实现对文本的框架语义分析，即从文本中抽取出框架语义结构。当前的研究主要集中在某一个或某两个任务上，对三个任务进行统一建模，实现全流程的自动框架语义分析的研究仍不充分。由于三个子任务之间存在明显的依赖关系，单模型依次执行完成框架语义分析，必然面临错误传播问题。所以，如何将框架语义分析的三个子任务进行统一建模，充分利用任务之间的依赖关系，并能有效缓解或消除错误传播问题是框架语义分析面临的一个挑战性问题。

本书系统阐述了框架语义分析的理论基础与方法体系，着重探讨了该领域面临的三大核心挑战：框架语义知识的表示与融合应用、跨度语义表示与跨度关系建模，以及统一建模与错误传播问题。在全面剖析目标词识别、框架识别和框架语义角色标注等核心子任务原理与方法的基础上，创新性地将解决上述关键问题的技术路径融入各章节的方法论述中，旨在构建出一套兼具前沿性与创新性的框架语义分析理论与方法体系。

1.5 本章小结

本章介绍了框架语义知识库、框架语义分析任务、框架语义分析数据资源等基本知识；介绍了框架语义分析的基本原理，梳理了目标词识别、框架识别、框架语义角色标注等框架语义分析子任务的方法体系和技术发展脉络；最后阐述了框架语义分析的挑战以及本书的目标、宗旨。

第2章

知识指导的框架识别方法

框架识别（frame identification，FI）是框架语义分析的一个子任务，其目标是识别出给定目标词在上下文中能够激起的框架。通过框架识别，可以将文本中某些词与框架语义知识库相关联，从而便于将框架语义信息融合到文本表示中，进而丰富文本的语义表示。框架识别已被应用到阅读理解、关系抽取、摘要抽取等自然语言处理任务中，但由于现有的框架识别方法性能不高，在一定程度上制约了其被更广泛的应用。本章介绍一种基于框架知识指导的框架识别方法，旨在利用框架语义知识库中丰富的框架语义知识指导模型提高框架识别性能。

图 2.1 展示了两个带有标注信息的例句，其中，目标词“stopped”在两个例句中分别激起了“Activity_stop（活动停止）”和“Process_stop（过程停止）”框架。“Activity_stop”框架表示施动者（Agent）停止了一项未完成的活动（Activity），而“Process_stop”框架表示过程（Process）在某一特定时间（Time）和地点（Place）停止。由于目标词往往具有多义性，所以 FI 模型应具备区分目标词（如“stopped”）在上下文中的语义，以及识别与该语义相关联框架的能力。此外，FI 是框架语义角色标注的前序任务，在模型训练和预测时无法利用角色信息，因此，如何获得更好的目标词的上下文语义表示是框架识别研究的重点。

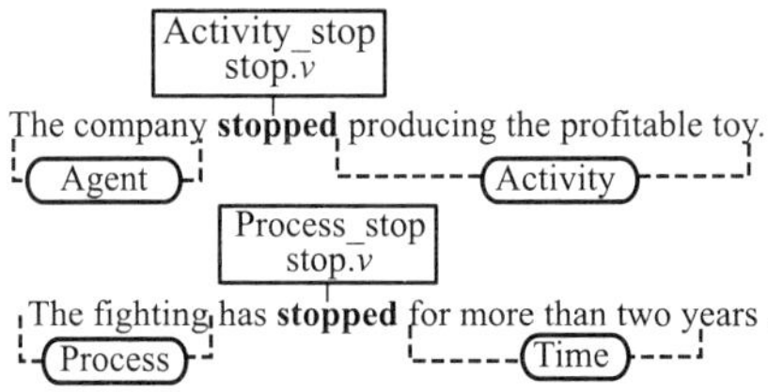

图 2.1　框架识别任务示例

FI 通常被建模为一个多分类任务，类别标签为框架名称，其中，目标词的上下文语义表示是建模的重点，目标词上下文语义表示的方法有基于特征的表示方法、基于词向量的表示方法和基于预训练模型的表示方法。这些方法主要关注目标词及其上下文的表示，忽略了对框架本身的语义表示，制约了模型的泛化能力。框架语义知识库为每一个框架提供了丰富的语义信息，这些信息可用于框架的语义表示，这一表示可进一步用来指导 FI 模型在训练时学习到更好的目标词上下文表示，最终促进 FI 模型性能的提升。

框架语义知识库是语言学家基于框架语义学理论构建的语言知识库，库中对每一个框架进行了详细的描述，包括框架名称、框架定义、框架元素（语义角色）、词元、框架关系等。框架名称是一个代表特定事件或情境的名称，例如“购买”“旅行”“会议”等；框架定义提供了关于该框架的示意性描述，着重描述该框架中涉及的语义角色及其参与过程；框架元素是在特定框架中扮演不同角色的成分，包括核心框架元素和非核心框架元素；词元是在特定上下文中能够激起该框架的词，所有这些词构成了该框架下的词元集合；框架关系描述了在框架语义网中与该框架具有特定关系的框架及关系类型。图 2.2 展示了框架“Activity_stop”和“Process_stop”在框架语义知识库 FrameNet 中的描述信息（由于空间限制，图中只列出了框架定义的核心部分，以及部分框架元素、框架关系和词元的信息）。

框架(Frame)	**活动停止(Activity_stop)**	**过程停止(Process_stop)**
框架定义 (Definition,Def)	施动者停止了一项未完成的活动 (An Agent ceases an Activity without completing it)	过程停在了一个特定时间和地点 (A Process stops at a certain Time and Place)
框架元素 (Frame elements,FEs)	核心框架元素： 施动者(Agent)、活动(Activity)	核心框架元素： 过程(Process)
	非核心框架元素： 程度(Degree)、持续时长(Duration)、方式(Manner)、时间(Time)、子事件(Subevent)等	非核心框架元素： 方式(Manner)、时间(Time)、地点(Place)、持续时长(Duration)、描述(Depictive)等
框架关系 (Frame relations,FRs)	所继承框架(Inherits from)：Process_stop 总框架(Subframe of)：Activity 被继承框架(Is Inherited by): Halt 使用框架(Uses)：Eventive_affecting	所继承框架(Inherits from)： Event 总框架(Subframe of)： Process 被继承框架(Is Inherited by)： Activity_stop
词元 (Lexical units,LUs)	abandon.v,cease.v,discontinue.v, halt.v,quit.v, stop.v, terminate.v	cease.v,cessation.n ,desist.v, discontinue.v, halt.n, quit.v , stop.v

图 2.2　框架“Activity_stop”和“Process_stop”在框架库中的描述示例

框架知识库从语义、结构、关系和实例等层面对每一个框架进行了详细描述，为框架表示提供了丰富的背景知识。利用这些知识提升 FI 模型的性能，面临两个方面的挑战：一是框架的表示问题，即如何将异构的框架语义知识表示成语义丰富的分布式表示；二是模型的结构问题，即如何利用框架语义知识指导框架识别模型。针对这两个方面的挑战，本章介绍一种框架语义知识指导的框架识别模型（knowledge-guided frame identification，KGFI），该模型将 FI 建模为语义相似性计算问题，在模型结构上采用双编码器结构，分别实现对框架语义知识和目标词的语义进行建模，在模型训练过程中将二者映射到同一语义空间，从而实现框架语义知识对框架识别的指导。针对异构框架语义知识的表示问题，KGFI 采用双图融合的策略，将异构知识进行融合表示，形成了基于框架语义知识的框架语义表示。

2.1 相关工作

2.1.1 框架识别

FI 是框架语义分析的一个子任务，通常被建模为分类任务，研究的重点集中在如何建模对目标词的上下文语义表示。早期的研究工作通过分析文本的词法、句法特征，形成高维特征向量对目标词及其上下文进行表示，然后使用有监督的统计学习方法来构建分类模型，Semafor 是使用该类方法构建的一个代表性模型。随着深度学习的兴起，一类研究工作使用低维分布式表示（静态词向量）代替传统的高维特征表示，但特征仍需要人工构建，SimpleFrameId 是使用该类方法构建的一个代表性模型；另一类研究工作采用循环神经网络（如 LSTM）对目标词的上下文进行建模，同时融合人工构建的特征，Open-Sesame 是使用该类方法构建的一个代表性模型。

随着预训练模型的兴起，近期的研究都使用预训练模型对目标词的上下文进行表示，得益于预训练模型强大的上下文建模能力，该类模型在 FI 任务上取得了较大的性能提升，PAFIBERT 为基于该类方法的一个代表性模型。基于分类范式的 FI 方法将框架名称视为离散的标签，并未对丰富的框架语义信息进行建模。虽然有些研究工作在模型构建过程中使用配对损失，同时学习目标词和模型的分布式表示，但框架的初始化使用独热编码，并没有使用框架语义知识库中存储的框架信息，Hermann-14 为基于该类方法的一个代表性模型。已有研究主要关注目标词及其上下文的表示，缺乏对框架知识的语义建模，忽略了框架语义知识对框架识别的指导作用。

2.1.2 知识表示

面向知识库的表示学习的研究对象通常指知识图谱，即使用机器学习方法获得实体和关系的表示，将离散的知识表示为低维稠密的实值向量，代表性的方法有 TransE、transH、transG 等。有些学者提出了融合外部知识，如实体描述、实体关系描述等信息的表示方法，以获得更好的实体表示，DKRL 是一个代表性模型。这些方法一般采用无监督的学习范式在大型知识图谱（如 DBpedia、Freebase 和 Wikidata 等）上学习实体的分布式表示。与实体相比，框架语义知识库中的框架所代表的语义比较抽象；与知识图谱相比，框架语义知识库的规模比较小，所以传统的面向知识库的无监督知识表示方法不能很好地适用于框架语义知识的表示。

当前，专门针对框架语义知识表示的研究较少，Guo 等人提出了基于词元的框架表示方法，将框架信息融入阅读理解模型中。Zhao 等人使用框架元素信息与事件论元进行对齐，从而利用框架信息增强关系表示，实现了关系抽取性能的提升。这些工作只涉及对框架某一类型的知识（如框架元素、词元等）的表示，主要用来增强文本的语义表示，研究的重点是文本的语义表示。

2.2 任务定义

为了便于描述，本节给出框架识别（FI）任务的形式化定义：设 $c=\{w_0,w_1,\cdots,w_n\}$ 为一个长度为 n 的文本，$w_i(0\leqslant i\leqslant n)$ 是文本中的一个词，目标词 $t\subset c$ 是文本中的一个词或短语，$K=<\mathrm{Def},\mathrm{FEs},\mathrm{FRs},\mathrm{LUs}>$ 为框架语义知识库，其中，Def、FEs、FRs 和 LUs 分别表示框架定义、框架元素、框架关系和词元的集合；F 为框架名称集合。FI 的目标是在给定 c、t 和 K 的情况下，从 F 中识别出目标词 t 在上下文 c 中能够激起的框架 $f^*\in F$。

2.3 基于图的框架知识表示

框架语义知识库中，框架之间通过框架关系相互关联，构成了一个网状结构，称为框架网。从数据结构的视角看，框架网是一个以框架为结点、以框架关系为边的图。图中相邻的框架在语义或结构上具有一定的关联性或相似性，两个结点之间可达的跳数越小，两个框架之间的相似性或关联程度越高，不同的关系类型从不同的视角反映框架之间的相关性。框架间的关系共有 8 种，其中，使用关系（Using）、总分关系（Subframe）和继承关系（Inheritance）是较常见的关系。框架关系是有向关系，在两个框架之间，低依赖性或高概括性的框架称为上位框架（Super_frame），而另一个称为下位框架（Sub_frame）。图 2.3 为与框架“到达”和“获得”具有直接关联关系的所有框架，以及它们共同的祖先“事件”框架构成的有向图，该图是框架网的一个子图，图中共涵盖 4 种类型的框架关系，位于箭尾端的框架为上位框架，位于箭头端的框架为下位框架。

如图 2.3 所示，框架“到达”和“获得”在框架网中具有不同的邻居框架，邻居框架为框架的表示提供了丰富的背景信息，使用这些信息有利于框架识别模型学习到更好的框架表示。由于框架网的整体结构为一个图，且研究表明图卷积网络（graph convolutional network, GCN）可以有效地对图中结点之间的关系进行建模，其原理是通过聚合邻居结点的信息来丰富每一个结点的表示，因此，为了使每一个框架的表示能够融合邻居框架的信息，可使用 GCN 对整个框架网进行语义编码。具体而言，采用两个专用的GCN网络分别融合框架的结构信息和语义信息，最后通过一个自注意力网络将它们进行进一步的融合，最后形成每个框架的表示。

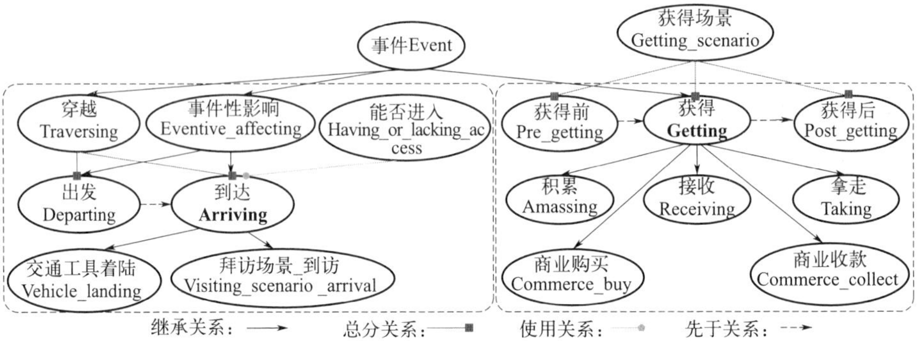

图 2.3　框架关系及框架网子图示例

2.3.1　面向框架网的图卷积网络

GCN 是一种专门用来处理图结构数据的神经网络模型，一般采用多层网络结构。对于给定的框架网，可以形式化描述为$G=(V,E)$，$V=F$和$E=\{e_{ij}\mid I(f_i,f_j)\neq 0;f_i,f_j\in F\}$分别表示结点集合和边集合，结点集合$V$和边集合$E$分别由框架和框架关系构成，即框架网中每一个框架对应一个结点，两个框架之间的关系对应一条边。e_{ij}为结点f_i和f_j之间的边，$I(\cdot)$为指示函数，指示两个框架之间是否直接关联。在框架网中，框架之间的关系是有方向的，所以可采用一个非对称矩阵$\boldsymbol{A}$刻画框架之间的关系。考虑到继承、使用和总分关系为 8 种关系中较普遍使用的 3 种关系，且上位框架往往描述更具普遍性的语义，而下位框架描述更具体的语义，所以，在构建关系矩阵时只使用上述三种关系，且为不同层次的关系设置不同的权重，形成了关系矩阵$\boldsymbol{A}$。矩阵$\boldsymbol{A}=(a_{ij})_{|F|\times|F|}$的定义如下：

$$a_{ij}=\begin{cases}3 & , \quad f_i=f_j\\ 2/|\mathrm{Super}(f_i)| & , \quad f_j\in\mathrm{Super}(f_i)\\ 1/|\mathrm{Sub}(f_i)| & , \quad f_j\in\mathrm{Sub}(f_i)\\ 0 & , \quad 其他\end{cases} \tag{2.1}$$

式中，$\text{Super}(\cdot)$ 和 $\text{Sub}(\cdot)$ 分别为获取上位框架和下位框架的函数，它们的返回值为框架集合；$\{3,2,1\}$ 为重要性排序值，用于区别框架关系的层级和重要性。设 $\boldsymbol{X}\in\mathbb{R}^{|F|\times n}$ 为特征矩阵，其中，$\boldsymbol{X}_i$ 为第 i 个结点对应的框架特征向量。在 GCN 网络中，当前结点 $\boldsymbol{X}_i$ 通过聚合邻居结点的信息来更新自身的表示，即：

$$\begin{aligned}\text{aggregate}(\boldsymbol{X}_i) &= \sum_{j\in|F|} a_{ij}\boldsymbol{X}_j \\ &= 3\boldsymbol{X}_i + 2\sum_{j\in|\text{Super}(f_j)|}\boldsymbol{X}_j / |\text{Super}(f_j)| + \sum_{j\in|\text{Sub}(f_j)|}\boldsymbol{X}_j / |\text{Sub}(f_j)| \\ &= \boldsymbol{AX}\end{aligned} \tag{2.2}$$

聚合操作实质上是所有上位框架表示的平均、所有下位框架表示的平均和框架自身表示三类信息的加权平均。由于有的框架没有上位框架，或有的框架没有下位框架，易造成聚合后的表示差异过大，所以引入归一化来消除这一影响，即引入归一化矩阵 $\boldsymbol{D}=(d_{ij})_{|F|\times|F|}$，其中，$d_{ii}=3+2I(\text{Super}(f_i)\neq\varnothing)+I(\text{Sub}(f_i)\neq\varnothing)$，$I(\cdot)$ 为指示函数，除主对角线外矩阵中其他元素都为 0。此时，聚合操作可以改写为：

$$\text{aggregate}(\boldsymbol{X}_i)=\boldsymbol{D}^{-1}\boldsymbol{AX} \tag{2.3}$$

基于框架网的结构特点和聚合操作，面向框架网的 GCN 逐层传播规则可以定义为：

$$\boldsymbol{H}^{(l+1)}=f(\tilde{\boldsymbol{A}}\boldsymbol{H}^{(l)}\boldsymbol{W}^{(l)}) \tag{2.4}$$

式中，$\tilde{\boldsymbol{A}}=\boldsymbol{D}^{-1}\boldsymbol{A}$；$\boldsymbol{H}^{(l)}=\boldsymbol{X}$；$\boldsymbol{W}^{(l)}$ 为第 l 层的一个特征变换矩阵，是一个可学习的参数矩阵；$f(\cdot)$ 为激活函数，如 $\text{ReLU}(\cdot)$、$\text{Tanh}(\cdot)$ 等。

2.3.2 面向框架定义的表示

在框架知识库中，每一个框架都有一个用文字描述的框架定义。框架定义是一种示意性描述，着重描述框架的主要参与者以及参与过程。有的框架定义中还包含若干典型例句，用于举例说明该框架的语义。考虑到 BERT 预训练模型强大的文本建模能力，可使用 BERT 作为定义的特征抽取器，将文本形式的框架定义转化成向量表示。具体而言，将框架名称和定义一起输入 BERT，经过 BERT 编码后，以 [CLS] 位置的输出向量作为框架定义的特征表示。设 X 为 BERT 的输入，其格式为 X= “[CLS] 框架名称：框架定义 [SEP]”，如：X= “活动停止 : 施动者停止了一项未完成的活动”，则其对应的向量表示为：

$$\boldsymbol{Y} = \text{BERT}(X)[0] \tag{2.5}$$

在获得框架定义的向量表示后，以这些向量作为框架的特征，构建基于框架定义的两层 GCN（称为 DefGCN）对框架网进行表示。DefGCN 的逐层传播过程如下：

$$H_{\text{def}}^{(1)} = \text{ReLU}(\tilde{\boldsymbol{A}}\boldsymbol{H}_{\text{def}}^{(0)}\boldsymbol{W}_{\text{def}}^{(0)}) \tag{2.6}$$

$$H_{\text{def}}^{(2)} = \tanh(\tilde{\boldsymbol{A}}\boldsymbol{H}_{\text{def}}^{(1)}\boldsymbol{W}_{\text{def}}^{(1)}) \tag{2.7}$$

式中，$\boldsymbol{H}_{\text{def}}^{(0)} = [Y_1, Y_2, \cdots, Y_{|F|}]$ 为由所有框架定义向量构成的表示矩阵；$\boldsymbol{W}_{\text{def}}^{(0)} \in \mathbb{R}^{|F|\times h}$ 和 $\boldsymbol{W}_{\text{def}}^{(1)} \in \mathbb{R}^{h\times d}$ 为待学习的参数矩阵，用于实现特征变换；$\text{ReLU}(\cdot)$ 和 $\tanh(\cdot)$ 为激活函数。

DefGCN 只将 BERT 作为特征提取器，即在框架训练过程中不对 BERT 的参数进行微调，以减少模型对计算的消耗。此外，由于 BERT 能够编码的文本长度有限（Token 数不超过 512），所以使用的所有输入都是剔除例句后的定义，对于剔除后长度仍然超过 BERT 最大处理长度的定义进行截断处理。

2.3.3 面向框架元素的表示

在框架语义知识库中，每一个框架都有一组对应的框架元素，反映框架的构成成分与参与者。框架元素分为核心框架元素与非核心框架元素两类，核心框架元素是理解框架完整语义的必要成分，突出了框架的个性；非核心框架元素也称为外围成分，如时间、地点、状态、环境等成分，它们不同程度地反映了框架或核心框架元素在某些方面的特性。

一个框架的框架元素集合反映了框架的组成结构，在语义上相近的框架往往具有相同或相近的组成成分。如图 2.4 所示，“积累”和“拿走”框架都继承自“获得”框架，这三个框架具有相似的组成成分，它们之间的框架元素具有等同或继承关系。图中使用直线相连的框架元素具有等同关系，使用箭头相连的框架元素具有继承关系，如框架元素“Mass_theme”继承自“Theme”，“n”和“nc”分别表示核心和非核心框架元素。为了刻画框架之间的结构特性，我们采用独热（one-hot）向量表示每一个框架。具体而言，设 $\text{FEs}=\{e_1,e_2,\cdots,e_{|\text{FEs}|}\}$ 为框架知识库中所有框架元素构成的集合，对于第 i 个框架 $f_i \in F$，其框架元素构成的集合表示为 $\text{FE}_{f_i} \subset \text{FEs}$，那么该框架可以表示成一个向量 $\boldsymbol{V}_i = [v_{i1}, v_{i2}, \cdots, v_{i|\text{FEs}|}]$，其中：

$$v_{ij}=\begin{cases}1, & \text{FEs}[j]\in \text{FE}_{f_i}\\ 0, & 其他\end{cases} \tag{2.8}$$

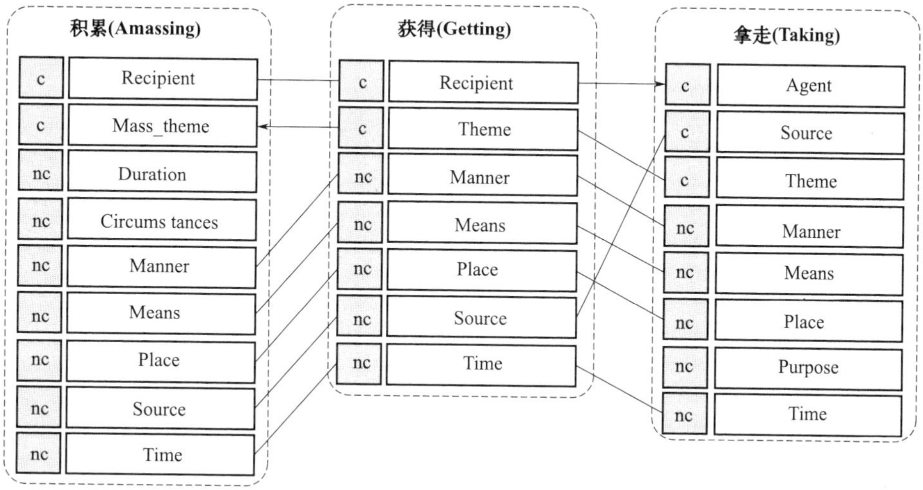

图 2.4　框架元素及其对应关系示例

在获得基于框架元素的框架向量表示后，采用类似于 DefGCN 同样结构的神经网络（称为 FEsGCN）对框架网进行表示。FEsGCN 的逐层传播过程如下：

$$\boldsymbol{H}_{\text{fes}}^{(1)}=\text{ReLU}(\tilde{\boldsymbol{A}}\boldsymbol{H}_{\text{fes}}^{(0)}\boldsymbol{W}_{\text{fes}}^{(0)}) \tag{2.9}$$

$$\boldsymbol{H}_{\text{fes}}^{(2)}=\tanh(\tilde{\boldsymbol{A}}\boldsymbol{H}_{\text{fes}}^{(1)}\boldsymbol{W}_{\text{fes}}^{(1)}) \tag{2.10}$$

式中，$\boldsymbol{H}_{\text{fes}}^{(0)}=[\boldsymbol{V}_1,\boldsymbol{V}_2,\cdots,\boldsymbol{V}_{|F|}]$ 为基于框架元素表示的特征矩阵；$\boldsymbol{W}_{\text{fes}}^{(0)}\in\mathbb{R}^{|\text{FEs}|\times h}$ 和 $\boldsymbol{W}_{\text{fes}}^{(1)}\in\mathbb{R}^{h\times d}$ 为待学习的参数矩阵，用于实现特征变换；ReLU(·) 和 tanh(·) 为激活函数。

2.3.4　基于注意力的融合表示

在获得面向框架定义和框架元素的框架网表示后，使用自注意力机制将得到的两个图进行融合，从而得到一个信息融合的图表示。具体而言，首先计算对应结点在两个图上的注意力得分，然后以得分为权重将对应两个结点的表示进行加权求和。对于框架 f_i，其在两个图上对应结点的注意力得分为：

$$a_{ik}=\frac{\exp(\boldsymbol{W}_{\text{a}}\boldsymbol{H}_k[i])}{\sum\limits_{k\in\{\text{def},\text{fes}\}}\exp(\boldsymbol{W}_{\text{a}}\boldsymbol{H}_k[i])} \tag{2.11}$$

式中，$\boldsymbol{W}_a$ 为待学习的参数矩阵；$\exp(\cdot)$ 为指数函数。得出注意力得分后，对两类表示进行融合，对于框架 f_i，融合后的表示为：

$$h_{f_i} = \sum_{k \in \{\text{def}, \text{fes}\}} a_{ik} \boldsymbol{H}_k[i] \tag{2.12}$$

2.4 知识指导的框架识别模型

针对框架识别任务，传统的方法视为基于目标词表示的分类问题，且只将框架视为离散的类别标签，忽略了框架本身的语义信息。框架语义知识指导的框架识别模型（KGFI）将融合框架定义、框架关系和框架元素信息的框架表示视为框架的一种原型表示，并使用这一表示指导框架识别模型学习目标词的上下文语义表示。此外，KGFI在训练过程中可以从大量标注数据中学习目标词的上下文语义表示，该表示又可以用来指导框架识别模型形成更好的框架语义表示。简言之，KGFI 模型的学习目标是通过双向指导的模型训练，最终将目标词的上下文语义表示与框架的语义表示映射到同一语义空间，使目标词与其能在上下文中激起的框架具有较高的语义相似度。

KGFI 模型由三个部分组成：目标词编码器、框架网编码器和相似性计算模块，如图 2.5 所示。目标词编码器用于获得目标词的上下文语义表示，框架网编码器用于获得基于框架语义知识的框架表示，相似性计算模块用于计算目标词表示与框架表示的相似性。

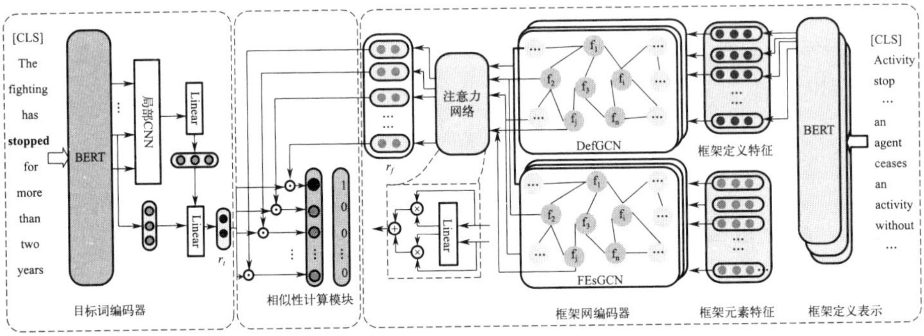

图 2.5 知识指导的框架识别模型（KGFI）的总体结构图

2.4.1 目标词编码器

目标词编码器的作用是获得目标词的上下文语义表示，可使用 BERT 作为基础编码器，因为它的架构是一个多层双向 Transformer，可以通过自注意力机制将上下文的信息聚合到目标词中。此外，BERT 模型是一种基于大规模语料库的预训练模型，模型中蕴含了丰富的语言知识，这对于目标词的表示非常有帮助，尤其在标注数据有限的情况下。

由于目标词周围的词或短语对于判别目标词能够激起的框架具有重要的作用，如图 2.1 所示，位于目标词“stopped”左侧的主语“The company”和“The fighting”是判断目标词激起哪一个框架的关键信息。因此，目标词编码器首先获取目标词在全局上下文中的表示，然后再获取目标词的局部上下文表示，最后将两类表示拼接后形成目标词的完整语义表示。卷积神经网络（convolutional neural network, CNN）是一种广泛使用的提取局部信息的神经网络，因此，目标词编码器使用 CNN 来捕捉目标词的局部上下文信息，局部上下文信息应限制在目标词周围一定大小的窗口范围之内。

设 w 为窗口大小，n 为文本的长度，b 和 e 是组成目标词的首词和尾词在文本中的位置，当目标词由一个词构成时，$b=e$。捕获目标词局部上下文信息的范围 $[l,r]$ 可定义为：

$$l=\max(b-w,0) \tag{2.13}$$

$$r=\min(e+w,\ n) \tag{2.14}$$

式中，$\min(\cdot)$ 和 $\max(\cdot)$ 分别为求最小值和最大值函数。设 $\boldsymbol{H}$ 为 BERT 的输出，则捕捉目标词局部上下文信息的计算方法为：

$$\boldsymbol{H}_{\mathrm{c}}=\mathrm{CNN}(\boldsymbol{H}_{l:r},\mathrm{kernels})$$

式中，$\mathrm{CNN}(\cdot)$ 为卷积操作，包括卷积和最大池化两个步骤，卷积使用多个卷积核 (kernels)，目的是捕捉不同粒度的语义信息。多个卷积核上的卷积结果 $\boldsymbol{H}_{\mathrm{c}}$ 使用 $\mathrm{cat}(\cdot)$ 函数拼接后，再使用一个线性网络（Linear）将其映射为一个与 BERT 输出维度（默认为 o=768）相同的向量，计算公式为：

$$\boldsymbol{h}_{\mathrm{c}}=\boldsymbol{W}_{\mathrm{c}}^{\mathrm{T}}\mathrm{cat}(\boldsymbol{H}_{\mathrm{c}})+\boldsymbol{b}_{\mathrm{c}} \tag{2.15}$$

式中，$\boldsymbol{W}_{\mathrm{c}}\in\mathbb{R}^{os\times o}$ 和 $\boldsymbol{b}_{\mathrm{c}}\in\mathbb{R}^{o\times 1}$ 为参数矩阵，s 是卷积核的个数。

目标词可能由一个词组成，也可能是由多个词构成的短语，为了形成统一的目标词表示，目标词编码器将构成目标词的所有词对应的 BERT 输出求平均，计算公式为：

$$h_t=\frac{1}{e-b+1}\sum_{i=b}^{e}H_i \tag{2.16}$$

最后，将目标词表示与目标词的局部表示进行融合，形成融合局部上下文信息的目标词表示 $\boldsymbol{r}_t$，计算公式为：

$$\boldsymbol{r}_t = \boldsymbol{W}_t^{\mathrm{T}}[\boldsymbol{h}_t;\boldsymbol{h}_c] + \boldsymbol{b}_t \tag{2.17}$$

式中，$\boldsymbol{W}_t \in \mathbb{R}^{2o\times m}$ 和 $\boldsymbol{b}_t \in \mathbb{R}^{m\times 1}$ 为参数矩阵。

2.4.2 框架网编码器

已有研究表明，语义丰富的分类标签对于提升分类任务的性能具有一定的作用。KGFI 使用框架语义知识对分类标签（框架）进行语义表示，目的是形成语义丰富的分类标签，或者称为框架的原型表示。KGFI 对框架语义知识进行编码的模块称为框架网编码器 FrameGCN，如图 2.5 所示。该编码器由 DefGCN、FEsGCN 和注意力网络组成，分别负责对框架定义、框架元素编码以及信息融合，编码原理和过程见第 2.3 节，本节不再赘述。

框架网编码器对整个框架网进行编码，形成一个框架语义图，图中每一个结点为一个框架的向量表示。为了便于计算框架与目标词之间的语义相似性，框架网编码器需要把每一个框架的表示映射成为与目标词表示维度相同的向量。具体而言，已知 $\boldsymbol{h}_{f_i}$ 为第 i 个框架的向量表示，经过一个线性网络映射后的表示为：

$$\boldsymbol{r}_{f_i} = \boldsymbol{W}_f^{\mathrm{T}}\boldsymbol{h}_{f_i} + \boldsymbol{b}_f \tag{2.18}$$

式中，$\boldsymbol{W}_f \in \mathbb{R}^{d\times m}$ 和 $\boldsymbol{b}_f \in \mathbb{R}^{m\times 1}$ 为参数矩阵。

2.4.3 模型训练与预测

在获得目标词和框架的表示后，通常使用点积计算目标词表示与所有框架表示之间的相似性。已知 $\boldsymbol{r}_t$ 为目标词的表示，$\boldsymbol{r}_{f_j}$ 是第 j 个框架的表示，则它们之间的相似性计算公式如下：

$$S(\boldsymbol{r}_t, \boldsymbol{r}_{f_j}) = \boldsymbol{r}_t \cdot \boldsymbol{r}_{f_j},\ j = 1,2,\cdots,|F| \tag{2.19}$$

在训练过程中，通过最小化交叉熵损失函数学习模型参数，损失计算公式如下：

$$L(\theta) = -\frac{1}{|D|}\sum_{t}^{|D|}\sum_{j}^{|F|} y_{tj}\log(\hat{y}_{tj}),\ j = 1,2,\cdots,|F| \tag{2.20}$$

式中，D 是训练数据；F 是框架集；$\hat{y}_{tj}$ 是真实框架的独热（one-hot）表示；y_t 为模型预测的概率分布，即 $y_t = \mathrm{softmax}(S(\boldsymbol{r}_t, \boldsymbol{r}_f))$。

在预测阶段，预测给定文本中目标词 t 激起的框架可使用如下公式：

$$\hat{f} = \operatorname{argmax}_{f_j \in F} S(\boldsymbol{r}_t, \boldsymbol{r}_{f_j}) \tag{2.21}$$

框架语义知识库中定义了词元与框架的对应关系，如图 2.2 所示，词元“stop.v”既是框架“Activity_stop”中的词元，也是框架“Process_stop”中的词元。因此，可通过遍历框架语义知识库构建目标词的候选框架集合，然后利用该集合在框架预测阶段进行框架过滤。此时，框架预测的公式转化为：

$$\hat{f} = \operatorname{argmax}_{f_j \in F_t} S(\boldsymbol{r}_t, \boldsymbol{r}_{f_j}) \tag{2.22}$$

式中，F_t 为目标词 t 的词元在框架知识库中对应的框架集合。很显然，通过词元过滤可以将搜索空间限定在一个更小的范围之内，模型预测的准确率会更高。然而，由于框架语义知识库存在覆盖不全的问题，即有些词元并未出现在知识库中，因此，框架过滤对于有些目标词是无效的，仍然需要从整个框架集合 F 中选择最优的框架。

2.5 实验与结果分析

2.5.1 实验环境设置

（1）实验数据集

实验使用公开发布的框架语义分析数据集 FN1.5 和 FN1.7，数据划分方式和数据统计情况见第 1 章。为了测试模型在更具挑战性的多义词（能够激发多个框架的目标词）数据上的性能，专门从测试数据中抽取出了相关数据构成了 Ambiguous 测试集。为便于描述，在实验分析中，标准测试集表示为 Std-test，Ambiguous 测试集表示为 Amb-test。此外，实验还选取了中文框架语义分析评测数据集 CFN2.0 对模型的通用性进行验证。

（2）实验参数设置

KGFI 中 BERT 模块使用 Bert-base-uncased 进行初始化，目标词表示向量 $\boldsymbol{r}_t$ 和框架表示向量 $\boldsymbol{r}_f$ 的维度都设置为 128，即 m=128；FEsGCN 和 DefGCN 的隐藏层大小设置为 h=256，GCN 的输出维度 d=256，目标词编码器中 CNN 使用的卷积核大小为 kernels=[5,3,2]，即核的个数 s=3，局部上下文窗口大小设为 w=3。对于模型优化，KGFI 使用 BertAdam 优化器，学习率设置为 5e-5；在优化过程中，使用开发集进行参数调优，并采用早停策略。在中文数据集上的实验使用chinese-bert-wwm-ext对模型进行初始化，其他超参数保持不变。

（3）实验基线模型

为了验证KGFI模型的性能，将其与公开发布的几个框架识别模型进行了对比分析。模型主要分为两类：一类是基于传统方法的模型，既包括基于特征工程的方法构建的模型，又包括基于分布式表示方法构建的模型；另一类是基于预训练模型BERT构建的模型。对比模型简介如下。

① 基于传统方法的框架识别模型。Semafor是最早公开的框架语义分析模型，该模型使用人工构造的词法和句法特征形成目标词的特征表示向量，然后使用条件对数线性模型构建框架识别分类器。Hermann-14将框架标签转换为one-hot嵌入，使用配对损失将框架标签和目标词依存路径上所有单词表示向量的拼接映射到同一语义空间，通过语义相似性预测框架。SimpleFrameId将句子中所有单词的词向量的平均作为目标词的表示，基于这一表示构建线性分类器。Open-Sesame使用一种称为分段LSTM的模型对文本进行建模，并构建分类模型，在模型训练过程中使用多任务学习的方式融入了句法信息。NeurboParser是一个联合学习模型，同时对框架识别和框架语义角色标注建模，模型使用LSTM对文本进行表示，然后使用高阶张量计算目标词与框架的打分，以及候选论元与角色的打分，使用加权汉明损失对模型进行训练。

② 基于预训练模型BERT构建的框架识别模型。PAFIBERT使用BERT对文本进行编码，然后使用基于位置的局部注意力机制来捕获目标词的上下文语义表示，并将这一表示与目标词的表示拼接后形成框架分类的特征。BERT-cls直接将目标词的BERT输出向量作为分类特征，使用softmax函数将分类特征映射到框架类别空间。BERT-onehot使用与BERT-cls相同的目标词编码方式，但在分类时采用与Hermann-14相同的方式，即将每一个框架表示成一个独热向量的形式，并采用线性网络将其映射到与目标词表示相同的语义空间，最后通过计算目标词表示与框架表示的相似性实现框架识别。Li等人提出了一种基于旋转编码的框架识别模型（RoPE-FI），该模型在对文本进行BERT编码后，进一步使用旋转式编码的方法融入每一个字的绝对位置编码信息，使文本的位置信息融合了绝对位置编码和相对位置编码，该方法实现了CCL23-Eval框架识别任务评测的最佳性能。

2.5.2 对比实验结果

实验结果如表2.1所示，该表将模型分为三组，分别是基于传统方法的代表性模型、基于 BERT 的模型和 KGFI 模型，对应的三组结果按照顺序从上到下依次排列，性能评价指标采用准确率指标。得益于 BERT 模型强大的表示能力，基于 BERT 的框架识别模型较传统模型在准确率上有了显著提升，尤其在 Amb-test 数据上，表明该类模型消除歧义的能力更强。本章提出的 KGFI 模型通过引入框架语义知识，在框架识别性能上优于基于 BERT 的基线模型。

表2.1 不同模型在使用词元过滤情形下的性能对比 单位：%

分组	Models	FN1.7		FN1.5	
		Std-test	Amb-test	Std-test	Amb-test
1	Semafor	—	—	83.60	69.19
	Hermann-14	—	—	88.41	73.10
	SimpleFrameId	83.00	71.70	87.63	73.80
	Open-Sesame	86.55	72.40	86.40	72.80
	NeurboParser	89.10	77.50	90.00	78.00
2	BERT-cls	90.17	79.87	90.13	78.32
	BERT-onehot	90.57	80.66	91.46	80.78
	PAFIBERT	91.11	81.68	91.65	81.68
3	KGFI（1-layer）	91.71	82.98	**92.13**	**82.34**
	KGFI（2-layers）	**92.40**	**84.41**	91.91	81.84

实验结果显示，KGFI 采用两层 GCN 时在 FN1.7 测试集上取得了最优性能，采用一层 GCN 时在 FN1.5 上取得了最优性能。导致最优模型结构差异的主要因素是两个数据集的规模和知识库的大小不同，不论是数据集规模还是知识库的大小，FN1.5 都小于 FN1.7。PAFIBERT 采用基于位置的局部注意力机制来捕获目标词的上下文语义表示，且将这一表示与目标词的表示进行融合，然后再进行分类，在性能上优于 BERT-cls 和 BERT-onehot，说明融合目标词局部信息对于提升模型的性能是有益的。BERT-onehot 的性能优于 BERT-cls，说明将目标词表示与框架表示映射到同一空间，然后采用相似度计算的方式预测框架的模型设计范式在框架识别任务上比传统的基于分类的范式更具优势。KGFI 的目标词编码器采用了与 PAFIBERT 类似的思想，即融合目标词的局部上下文信息，但取得了比 PAFIBERT 更优的性能，主要归功于两个方面：一是多种框架知识的引入，二是采用了类似于 BERT-onehot 的双向编码模型结构。

除了 SimpleFrameId 模型之外，以往的研究中很少关注无框架过滤情况下的框架预测性能。由于框架语义知识库存在不完备问题，在实际应用中有的目标词并不能在知识库中找到对应的词元，所以为了测试模型在这种情况下的识别性能，本章设计了无框架过滤情况下的对比实验，实验结果如表 2.2 所示。在无过滤的情况下，框架识别模型需要从 F（当前的知识库规模都大于 1000）中选择出当前目标词能够激起的框架，对模型的语义表示能力要求更高。结果显示，KGFI 的性能优于四个基线模型，这表明 KGFI 能够获得更好的目标词和框架语义表示，从而提升了模型的泛化能力，使其在不使用框架过滤的情况下也能取得较高的识别准确率。

表2.2　不使用框架过滤情形下的框架识别性能对比　　单位：%

模型	FN1.7		FN1.5	
	Std-test	Amb-test	Std-test	Amb-test
SimpleFrameId	76.10	—	77.49	—
BERT-cls	81.00	74.89	81.88	75.98
BERT-onehot	81.09	75.29	82.00	76.11
PAFIBERT	84.55	79.18	84.85	79.28
KGFI（1-layer）	84.95	79.78	**85.63**	**80.07**
KGFI（2-layers）	**85.81**	**80.66**	85.00	79.66

为了测试所提方法在中文上的性能表现，进一步在汉语框架语义分析数据集 CFN2.0 上进行了对比实验。CFN2.0 数据集首次公开发布于 CCL2023-Eval，对比模型选取了在评测中取得最优性能的模型。另一方面，由于 CFN2.0 中并没有公布框架关系信息，所以对比实验中使用的 KGFI 模型无法使用基于双图的方法对框架进行表示，直接使用注意力网络将框架定义和框架元素信息进行融合。为了与完整的 KGFI 进行区分，将在 CFN2.0 数据集上实验的简化后的 KGFI 模型记为 KGFI（c）。在 CFN2.0 上的框架识别结果如表 2.3 所示，表中结果分为两列，分别为不使用框架过滤（No-filtering）和使用框架过滤（Filtering）的结果。结果显示在中文数据集上的框架识别性能显然低于在英文数据集上的性能，可能的原因是在中文中识别框架的难度更大，或者 CFN2.0 数据集的难度更大。在缺失框架关系信息的情形下，KGFI（c）与 RoPE-FI 相比仍具有一定的优势，说明本书提出的方法具有良好的通用性。

表2.3　在CFN2.0上的框架识别准确率

模型	不使用框架过滤	使用框架过滤
RoPE-FI	78.26	73.42
KGFI（c）	**78.57**	**73.92**

为了进一步测试框架识别模型在语义表示方面的能力，实验进一步使用 top-K 准确率衡量模型的语义表示能力，好的表示意味着模型预测出的正确框架

能够获得更好的排序。top-K 较高的模型可以将候选框架集合缩小到一个较小的框架子集（包含 K 个较可能的框架）内，这对于诸如 FrameNet 的词元归纳、框架语义角色标注等下游任务非常有用。结果如表 2.4 所示，与基线模型相比，KGFI 模型在 top-K（K=1、2、3、5）准确率上取得了最好的性能表现，这进一步证明了模型通过融合框架知识学习到了更好的框架表示和目标词表示。

表2.4　在FN1.7数据集上的top-K准确率对比

模型	top-1	top-2	top-3	top-5
Bert-onehot	81.09	87.17	88.96	90.12
PAFIBERT	84.55	89.28	90.35	91.68
KGFI（2-layers）	**85.81**	**90.22**	**91.59**	**92.88**

2.5.3　消融实验结果

为了测试 KGFI 中每个模块对框架识别性能的影响，实验在使用和未使用（分别用后缀“-L”和“-nL”表示）框架过滤两种情形下对模型进行了消融实验分析，实验结果如表 2.5 所示。结果表明，DefGCN、FEsGCN 和注意力网络这三个模块都有助于提高模型的性能，即使仅使用 DefGCN 或 FEsGCN，KGFI 的性能仍然优于基线模型。KGFI 在仅融合框架 FEs 信息时的性能优于仅融合框架 Def 信息时的性能，主要是因为框架的 Def 在语言表达上比较抽象，使用 BERT 对其语义进行表示比较困难。FEs 信息侧重于表达框架的结构信息，Def 侧重于表达框架的语义信息，FRs 侧重于表达框架之间的关系信息，所以使用 GCN 将三类信息融合到一起，可以起到信息互补的作用，从而使 KGFI 获得更好的性能。当 KGFI 用简单的加法操作替换注意力网络后，KGFI 的性能小幅下降，这表明使用注意力机制来融合 DefGCN 和 FEsGCN 的表示是必要的，也是有效的。

表2.5　在FN1.7数据集上的消融实验结果　　单位：%

模型	Std-test-L	Std-test-nL
KGFI	**92.40**	**85.81**
w/ DefGCN	91.49	82.10
w/ FEsGCN	92.01	85.00
w/o attention	92.31	85.19

在使用 GCN 对框架语义知识进行表示时，关系矩阵 $\boldsymbol{A}$ 对建模结果有着重要的影响。本章的方法根据框架网中框架之间关系的特点定义了非对称关系矩阵

A，且为关系设置了不同的权重，这一点不同于 GCN 在建模时通常使用的二值（即 1 表示结点之间有关系，0 表示无关系）对称矩阵。为了测试关系矩阵对框架识别性能的影响，实验对比了使用非对称加权矩阵 ***A*** 和对称二值矩阵 ***A*** 两种情形下 KGFI 的识别准确率，实验结果如表 2.6 所示，其中，W 和 B 分别表示矩阵中元素的值为加权值和二值，“w/*x*”表示仅使用“*x*”模块。结果表明，使用加权矩阵的所有模型在性能上都优于使用二值矩阵的模型，说明使用基于框架之间层级关系的关系建模方法是有效的，能在一定程度上刻画框架之间不同类型关系的特点，能区分不同层次框架语义信息的重要性。

表2.6　关系矩阵***A***对框架识别性能的影响　　单位：%

模型	值	Std-test-L	Std-test-nL
KGFI	W	**92.4**	**85.81**
KGFI	B	91.8	83.10
KGFI（w/ DefGCN）	W	**91.49**	**82.10**
KGFI（w/ DefGCN）	B	91.26	81.11
KGFI（w/ FEsGCN）	W	**92.01**	**85.00**
KGFI（w/ FEsGCN）	B	91.78	82.10

实验还发现，KGFI 框架识别的性能对目标词编码器中局部上下文建模时窗口大小 *w* 的选择不是很敏感，但过大的窗口会影响运行效率，因此，模型 KGFI 选择了一个比较小的窗口，即 *w*=3。模型对窗口大小不太敏感说明 BERT 在对文本编码时，目标词已经比较充分地融合了上下文的信息。

2.6　样例分析

为了直观地展示框架语义知识对框架识别的指导作用，随机选取三个 KGFI 能够准确识别而基准模型识别错误的样例进行分析。如图 2.6 所示，KGFI（w/ FEsGCN）模型倾向于通过建立框架元素与目标词的上下文之间的语义关联来预测正确的框架。例如，在例句①中，由于目标词“stopped”可能激起“Activity_stop”或“Process_stop”框架，这两个框架的主要区别在于“stopped”的主语在语义中与 Agent 和 Process 哪一个最接近，因此，句子中短语“The fighting”是区分被目标词“stopped”激起框架的关键信息。KGFI（w/FEsGCN）建立了“The fighting”与框架元素 Process 之间的语义关联，预测出了正确的框架，因为框架元素 Agent 通常与实体相关。在例句③中，区别目标词“depart”能够激起哪个框架，主要依赖于对主语“Ferries”的语义理解，因为框架“Departing”所表达的语义为“一个 Theme 从一个 Source 离开”，而框架“Quit_a_place”表达的语义为“一个 Self_mover 离开最初的 Source 位置”。KGFI（w/FEsGCN）模型能够建立单词“Ferries”与框架“Departing”中框架元素 Theme 之间的关联，因为“Quit_a_place”中的框架元素 Self_mover 通常指的是一个有生命的对象（如人、动物），显然“Ferries”不是一个 Self_mover，所以 KGFI（w/FEsGCN）能够预测正确的框架“Departing”。此外，框架“Departing”是框架“Quit_a_place”的上位框架，除框架元素 Theme 和 Self_mover 不同，其他框架元素都相同。换句话说，KGFI（w/FEsGCN）能够捕捉不同框架之间的细微差别，即使这些框架之间有紧密的语义关系。

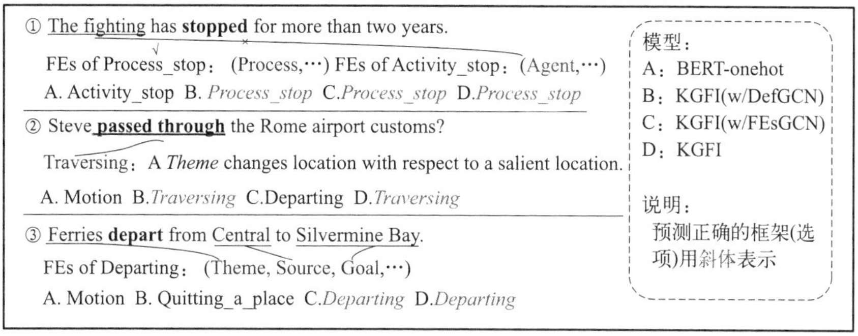

图 2.6　样例分析示意图

KGFI（w/DefGCN）模型倾向于建立框架定义与句子之间的语义关联性。例如，在例句②中，框架定义中框架名称“Traversing”与短语“passed through”语义相似，因此，模型输出了正确的框架“Traversing”。而在例句③中，KGFI（w/DefGCN）模型预测出了一个错误的框架“Quit_a_place”，因为目标词“depart”与框架“Quit_a_place”的定义“a Self mover leaves an initial Source location”中的“leaves”语义相似。三个样例中，将框架定义、框架元素融合到一起的 KGFI 模型都能够预测出正确的框架，在性能上优于 KGFI（w/ DefGCN）、KGFI（w/FEsGCN）和 BERT-onehot 三个模型，说明框架定义信息和框架元素信息具有较强的互补作用，将它们融合到一起更有利于提升模型的性能。

2.7　本章小结

本章介绍了一种基于框架语义知识的框架表示方法，该方法利用 GCN 将框架定义、框架元素和框架关系这些异构知识进行融合，形成模型的原型表示。同时，还介绍了基于该表示方法构建的框架语义知识指导的框架识别模型 KGFI，该模型由目标词编码器、框架网编码器和相似性计算模块三个模块组成。目标词编码器和框架网编码器分别实现对目标词的上下文语义和框架语义知识的表示，模型在训练过程中不断优化两个表示的语义相似度，从而将二者映射到同一语义空间。广泛的实验表明，基于 GCN 的异构框架语义知识融合方法能够更好地实现对框架的语义表示，该表示不仅融合了框架定义、框架结构和框架关系三类框架语义知识，而且能实现它们之间信息的相互补充，使得到的框架表示在语义上更准确，能够进一步地指导 FI 模型在训练时学习到更好的目标词上下文语义表示。目标词上下文语义表示和框架表示能力的同步提高共同促进了 KGFI 模型框架识别性能的提升。

第3章

面向关系建模的框架语义分析方法

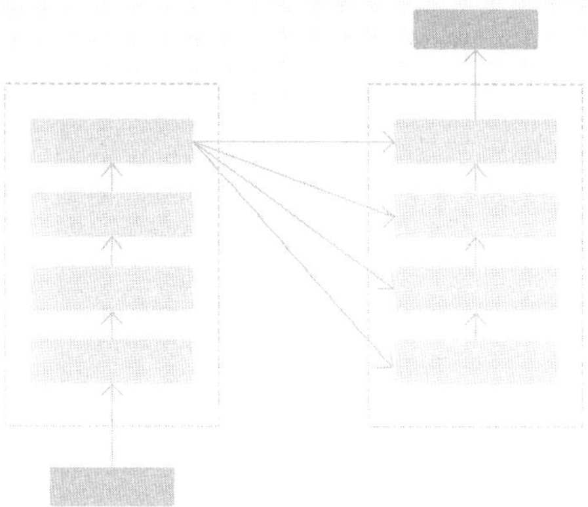

框架识别（frame identification，FI）作为框架语义分析（frame-semantic parsing，FSP）的一个子任务，实现了由文本中特定目标词到框架的映射，建立了目标词与框架语义知识的关联，但这种关联的语义粒度比较粗，要实现目标词上下文信息与框架语义角色的细粒度语义关联，还需要在框架识别的基础上进一步实现对文本的框架语义角色标注（frame-semantic role labeling, FSRL）。因此，在给定目标词的情况下，同时实现 FI 和 FSRL，对于解决细粒度的语义理解任务具有重要的支撑作用。研究表明，将框架语义信息融合到文本表示中，能够丰富文本的语义表示，有助于提升模型在诸如事件识别、机器阅读理解、关系抽取、自动摘要等自然语言处理任务上的性能。

本章重点关注框架语义分析中的 FI 和 FSRL 两个子任务的联合建模问题，其目标是从文本中识别出目标词（谓词）所激发的框架及框架语义形式的谓词-论元结构（也称为框架语义结构）。FI 的目标是识别出给定目标词在上下文中所能激起的框架，FSRL 的目标是在给定目标词及其激起的框架的情形下，识别出论元及其框架语义角色。图 3.1 给出了一个框架语义分析任务的示例，FI 和 FSRL 联合识别任务就是在给定目标词“locked up”、“in”和“laundry room”的情形下，识别出目标词激起的框架、论元及其框架语义角色，例如，“locked up”激起了“Immobilization”框架，“My brother”和“in the laundry room”为论元，二者在当前框架下的框架语义角色分别为 Patient 和 Place。

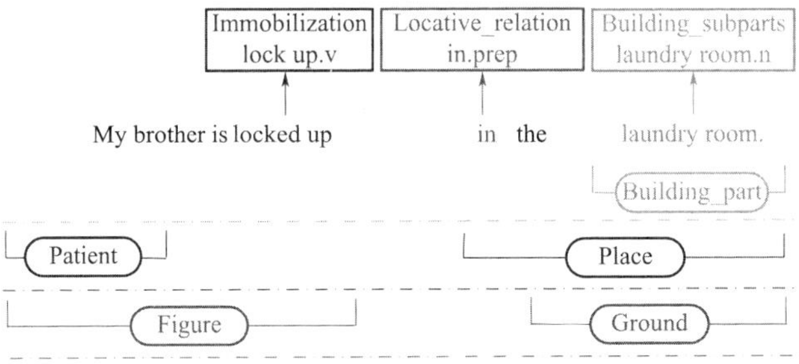

图 3.1　框架语义分析任务的示例

早期的工作采用了两阶段识别的流水线模型，即分别为 FI 和 FSRL 子任务训练分类模型，然后按顺序依次完成框架识别和框架语义角色标注。框架语义角色是框架特定的，针对特定目标词，首先通过 FI 预测目标词激起的框架，然后根据框架确定候选的框架语义角色集合，最后通过 FSRL 为论元分配语义角色。换句话说，在两阶段策略中，FI 预测出的框架和框架语义角色对 FSRL 施加了

“硬约束”，即约束 FSRL 预测的角色类型。这种策略通常会导致错误传播问题，且 FSRL 的性能对于 FI 子任务的性能比较敏感。

近年来，面向 FI 和 FSRL 的联合学习策略受到了广泛关注，代表性的工作有：Peng 等人提出了一种基于高阶张量的联合评分模型，对可能的框架和角色组合进行打分，在预测阶段使用线性规划算法在框架语义的结构约束下搜索全局最优解；Chen 等人提出了基于多解码器结构的跨度级序列标注模型对 FI 和 FSRL 任务联合建模，该模型将框架语义角色建模为角色序列生成过程，使用 LSTM 明确捕捉角色之间的依赖关系，在预测阶段逐个预测角色。总体而言，现有的联合学习模型比流水线模型取得了更好的性能。

依赖关系建模是 FI 和 FSRL 联合建模中的一个关键问题，也是一个难点问题。框架语义分析中的依赖关系包含三种：一是论元对目标词的依赖，即论元依赖于目标词或受目标词支配；二是角色对框架的依赖，不同的框架包含不同的框架语义角色；三是角色之间的依赖，即同一框架下，角色之间存在语义上的依赖或关联。从依赖关系建模的视角看，虽然已有的联合学习方法取得了较好的性能，但仍存在以下不足：

第一，对于联合评分模型，一方面，它们忽略了框架语义的结构信息，即没有显式地建模框架与角色之间的语义依赖关系，不利于模型捕捉到框架语义的结构信息；另一方面，由于框架和角色组合空间巨大，导致模型在预测阶段的搜索空间较大，运行效率较低。

第二，对于基于多解码器结构的跨度级序列标注模型，该类模型首先使用跨度解码器识别出论元，然后预测论元的角色，并尝试使用 LSTM 去显式地捕捉角色之间的语义依赖关系。这种建模方式仍然面临错误传播问题，特别是当角色序列较长时。如图 3.2（a）所示，如果对第一个论元“My brother”的角色预测错误，那么可能会导致下一个论元“in the laundry room”的角色也被错误预测。

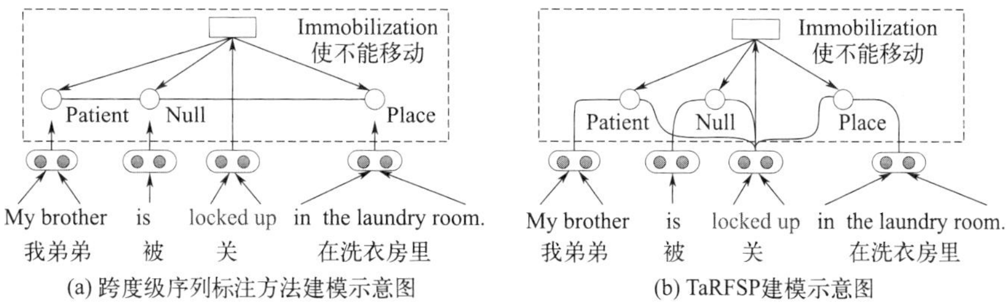

图 3.2　语义依赖关系建模对比示意图

为了克服联合建模方法存在的不足，本章介绍一种新的基于跨度的目标词感知关系框架语义分析模型（target-awared relational frame-semantic parsing, TaRFSP），实现对 FI 和 FRSL 子任务的联合建模。该模型放松了基于序列标注方法中的角色依赖假设，仅假设角色依赖于框架，而角色之间相互独立。一方面，由于语言表达的多样性，表达同一框架语义的句子可以使用不同的语序，语序的不同导致角色序列的不同；另一方面，框架语义角色在文本表达中普遍存在角色缺失或隐含的情况，有时甚至不出现任何角色。此外，由于框架语义角色粒度较细，平均每个框架有 9.7 个角色，有的框架甚至包含 30 多个角色，在标注数据有限的情况下，角色序列模式在标注数据中较为稀疏，使得模型捕捉角色之间依赖信息的难度较大。

因此，TaRFSP 忽略了角色之间可能存在的依赖关系，独立地预测每个论元的角色，模型只对目标词与论元、框架和角色之间的依赖关系进行建模，具体而言，将角色视为目标词与论元之间的一种语义关系，且该语义关系依赖或受限于目标词当前激起的框架。如图 3.2（b）所示，TaRFSP 将 Patient 视为目标词“locked up”与论元“my brother”之间的一种语义关系，且该语义关系依赖于框架“Immobilization”。

与已有的联合建模方法相比，基于关系分类的方法具有以下三个方面的优势：一是克服了角色之间的错误传播问题，而且可并行地预测论元的角色，有利于提高运行效率；二是在建模过程中显式地建模角色对框架的语义依赖关系，使得模型能够比较有效地捕捉到框架语义的结构信息；三是减小预测阶段的复杂度，由于 TaRFSP 显式地建模了角色对框架依赖的结构信息，所以在预测阶段不需要使用优化算法搜索满足框架语义约束的最优标签组合。

3.1 相关工作

FI 和 FSRL 是框架语义分析的两个子任务，也是框架语义分析三个子任务中的核心任务，近年来取得了较大的研究进展。从模型结构的视角看，相关研究主要分为基于流水线模式的方法和联合建模的方法。

3.1.1 流水线模式的方法

基于流水线模式的方法将任务分解为两个独立的子任务，即 FI 和 FSRL。Semafor 和 Hermann-14 是两个经典的流水线模型，每一个模型由两个子模型组成，分别实现 FI 和 FSRL。Semafor 使用多种句法特征构建两个独立的概率模型，其中，FSRL 子模型使用 AD（alternating directions dual decomposition，交替方向对偶分解法）算法搜索最优解。Hermann-14 模型使用基于依存路径的词嵌入作为特征表示，将离散特征转化为低维向量表示，其中，FSRL 子模型使用概率模型构建打分函数，使用线性规划搜索最优解。此外，还有一类研究使用 Hermann-14 或 SimpleFrameId 模型完成 FI 子任务，然后单独构建模型实现 FSRL 子任务，代表性的 FSRL 模型如下：Framat+context 模型在使用句法特征的基础之上，进一步融合了额外的上下文特征、篇章结构信息对文本进行表示，然后使用动态规划算法搜索 FSRL 的最优解；Täckström 提出了基于句法特征的全局归一化对数线性模型，使用动态规划算法搜索 FSRL 的最优解；FitzGerald 等人扩展了 Täckström 等人的工作，使用多层神经网络替换线性函数，将论元与角色映射到共享的嵌入空间，最后通过计算论元与角色的语义相似性实现 FSRL；Yang 和 Mitchell（SEQ）等人提出了基于 LSTM 和 CRF 的 FSRL 模型；Yang 和 Mitchell（REL）进一步使用依存路径和依存关系来表示目标词与论元之间的关系，通过关系分类实现 FSRL。Open-Sesame 是一个基于分割 RNN 的 FSRL 模型，该模型是半马尔可夫条件随机场的变种模型，目标是寻找对文本的最优分割（论元与角色的配对）。基于流水线模式的框架语义分析方法存在错误传播问题，制约了 FI 和 FSRL 联合识别任务整体性能的提升。

3.1.2 联合建模的方法

近年来，为了克服基于流水线模式的框架语义分析方法存在的问题，FI 和 FSRL 联合建模研究得到了广泛的关注。Peng 等人提出了基于高阶张量的联合评分模型 NeuboParser，对可能的框架和角色组合进行打分，在训练时使用 Stuctured hinge 损失，在预测阶段使用线性规划算法在框架语义的结构约束下搜索全局最优解。Chen 等人提出了基于多解码器结构的跨度级序列标注模型对 FI 和 FSRL 任务联合建模，将框架语义角色标注建模为角色序列生成过程，论元和角色按顺序逐个被识别，且使用两个交互的 LSTM 捕捉论元之间、角色之间的依赖关系。

已有的研究表明，联合建模方法优于基于流水线的模式的方法，但当前有关联合建模的研究仍存在不足，不能有效地处理好目标词与论元、框架与角色、角色与角色之间的语义依赖关系的建模问题，制约了模型性能的进一步提升。

3.2 任务定义

FI 和 FSRL 联合建模任务的目标是在给定文本和目标词的情形下，识别出目标词激起的框架、目标词对应的论元及其在框架中充当的框架语义角色。具体而言，已知 $c=\{x_0,x_1,\cdots,x_n\}$ 为一个长度为 n 的文本，$x_i(0\leqslant i\leqslant n)$ 是文本中的一个词，目标词 $t\subset c$ 是文本中的一个词或短语（连续或非连续），lu 是目标词对应的词元，$Y=(f,\text{AR})$ 为待识别的框架语义结构，其中，$f\in F$ 为当前目标词激起的框架，$\text{AR}=\{(a_j,r_j)\mid a_j\subset c,r_j\in R_f,j\leqslant|R_f|\}$ 为（论元，角色）对集合，F 为框架知识库中所有框架构成的集合，R 为框架知识库中所有框架元素的集合，R_f 为框架 f 的语义角色集合。FI 和 FSRL 联合预测任务可形式化表示为如下形式：

$$\begin{aligned}Y&=\operatorname{argmax}P_{\Phi}(Y\mid c,t,\text{lu})\\&=\operatorname{argmax}\{\sum_{j=1}^{|\text{AR}|}P_{\Phi_1}((a_j,r_j)\mid c,t,f)P_{\Phi_2}(f\mid c,t,\text{lu})\}\end{aligned}\tag{3.1}$$

式中，$P(\cdot)$ 为待学习的模型；Φ、Φ_1 和 Φ_2 为模型参数。

3.3 面向关系建模的框架语义分析模型

3.3.1 模型总体结构

TaRFSP 模型实现对 TI 和 FSRL 的联合建模，该模型由五个功能模块组成：上下文编码、跨度表示、框架识别、论元识别和角色分类，模型结构如图 3.3 所示。具体而言，上下文编码模块的作用是获得文本的向量化表示；跨度表示模块实现对跨度的表示；框架识别模块负责识别被目标词激起的框架，并同时学习框架的嵌入表示；论元识别和角色分类模块分别用于识别论元和论元角色分类。

TaRFSP 模型将 FSRL 建模为跨度级的语义依赖关系的识别问题，即论元在语义上依赖于目标词，论元的语义类型即为论元在框架中承担的语义角色。如图 3.4 所示，目标词“locked up”与论元“My brother”之间在语义上具有依赖关系，依赖关系的类型为“Patient”，而那些不是目标词的跨度，它们之间关系的类型统一用“Null”表示。TaRFSP 使用两个分类器分别识别论元与目标词之间的依赖关系，以及它们之间的关系类型，这两个分类器即图 3.3 中所指的论元识别和角色分类模块。以下各小节分别介绍 TaRFSP 模型各组成部分的原理及详细实现方式。

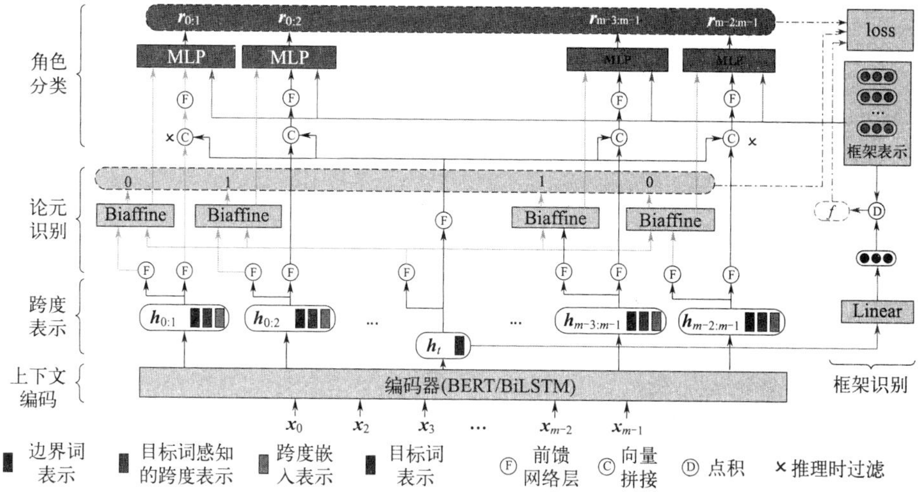

图 3.3 TaRFSP 模型总体结构示意图

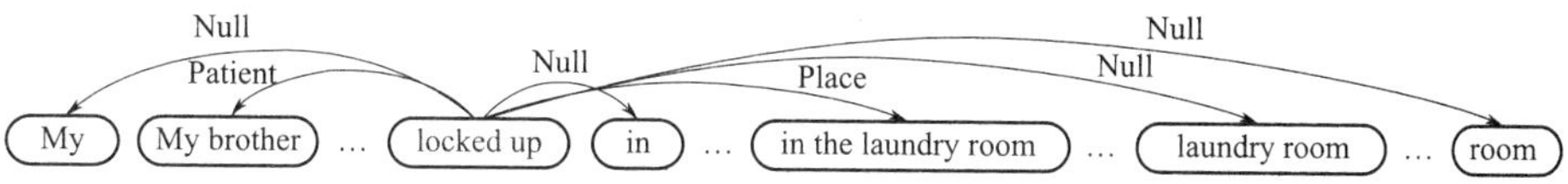

图 3.4 面向依赖关系建模的框架语义角色标注示意图

3.3.2 上下文编码

获取文本的向量化表示是诸多自然语言处理任务的基础，广泛采用的文本编码模型主要有基于循环神经网络（recurrent neural network，RNN）和基于 Transformer 结构的模型，代表性模型有双向长短时记忆网络 BiLSTM 和 BERT。使用不同的编码器对模型性能有着较大的影响，因此，本章将分别讨论使用 BiLSTM 和 BERT 作为上下文编码模块时 TaRFSP 的性能表现。给定长度为 n 的输入文本 $c=\{w_0,w_1,\cdots,w_m\}$，上下文编码器可形式化表示为：

$$\boldsymbol{H}=\mathrm{Enc}(c) \tag{3.2}$$

式中，$\boldsymbol{H}=[\boldsymbol{h}_0,\boldsymbol{h}_1,\cdots,\boldsymbol{h}_m]$ 为编码器输出的向量化表示，即每一个 $\boldsymbol{h}_i\in\mathbb{R}^{d_h}$ $(0\leqslant i\leqslant m)$ 为一个向量，d_h 为向量的维度，$\boldsymbol{H}$ 为编码器输出的表示矩阵。对于

BiLSTM 编码器，使用 Glove 初始化每一个单词的嵌入表示。对于 BERT 编码器，使用模型最后一层的输出作为句子中每个单词的上下文表示。

3.3.3 框架识别

框架识别模块的主要功能是为当前目标词预测其能够激起的框架，此外，该模块还负责生成每一个框架的语义表示，用于在联合建模中对语义角色分类施加“软约束”。由于框架语义角色是框架特定的，除通用语义角色外，每个框架都有若干个独有的角色，因此，TaRFSP 模型将框架识别模块预测出的框架经向量化表示后融合到语义角色分类中，目的是将该表示作为一种约束信息，使角色分类模块将论元的角色类型限制在当前预测出的框架内，在提高角色分类性能的同时，保证预测出的框架语义结构的语义一致性，即角色属于当前框架。

受到 KGFI 模型的启发，TaRFSP 采用了一个双编码器结构同时实现框架识别和框架语义表示。其中一个编码器对目标词进行表示，另一个编码器对框架进行表示，两个编码器将目标词和框架映射到同一语义空间，最后通过计算目标词与框架的语义相似度为目标词预测其能够激起的框架。为了提高模型的运行效率，框架识别模块并没有使用框架语义知识来增强框架的表示，也没有通过 CNN 捕捉目标词的局部上下文信息来增强目标词的表示，这一点与 KGFI 不同。如图 3.3 所示，框架表示标识的部分为框架编码器，由框架编码、目标词编码和相似度计算三个模块组成。

形式化地，给定框架集合 $F=\{f_1,f_2,\cdots,f_{|F|}\}$，框架编码器首先使用嵌入函数 $E(\bullet)$ 将框架转化为分布式表示，然后再将其映射为一个低维向量。框架编码的过程可形式化表示为：

$$\boldsymbol{M}^{(F)}=[E(f_1),E(f_2),\cdots,E(f_{|F|})]^{\mathrm{T}}\boldsymbol{W}^{(F)} \tag{3.3}$$

式中，$\boldsymbol{W}^{(F)}$ 为可学习的参数矩阵；$\boldsymbol{M}^{(F)}\in\mathbb{R}^{|F|\times d_f}$ 为所有框架经编码后形成的框架表示矩阵，$|F|$ 和 d_f 分别表示框架的个数和框架表示向量的维度。

对于目标词编码，首先从上下文编码器中获取目标词首词和尾词对应的输出表示 $\boldsymbol{h}_{\mathrm{b}}$ 和 $\boldsymbol{h}_{\mathrm{e}}$，然后求二者的平均，最后使用线性网络进一步将其转换为与框架表示维度相同的向量表示。目标词编码过程可形式化表示为：

$$\boldsymbol{g}_f(t)=\boldsymbol{W}_f^{\mathrm{T}}\boldsymbol{h}_t+\boldsymbol{b}_f \tag{3.4}$$

式中，$\boldsymbol{h}_t=(\boldsymbol{h}_{\mathrm{b}}+\boldsymbol{h}_{\mathrm{e}})/2$；$\boldsymbol{W}_f\in\mathbb{R}^{d_f\times d_h}$；$\boldsymbol{b}_f\in\mathbb{R}^{d_f}$ 为线性网络的参数。

在获得目标词 t 和所有框架的表示后，TaRFSP 使用点积操作计算目标词与框架的语义相似性，并将相似性得分映射为概率分布，计算公式如下：

$$P(f \mid c, t, \mathrm{lu}) = \mathrm{softmax}(\boldsymbol{M}^{(F)} g_f(t)) \tag{3.5}$$

在预测阶段，采用与 KGFI 相同的框架过滤策略，即使用目标词 t 的词元 lu 从框架知识库中抽取目标词能够激起的候选框架 F_{lu}，然后从候选框架中选择得分最高的框架作为框架识别的预测结果 $\hat{f}$，即：

$$\hat{f} = \mathrm{argmax}_{f \in F_{\mathrm{lu}}} P(f \mid c, t, \mathrm{lu}) \tag{3.6}$$

3.3.4 跨度表示

在框架语义分析任务中，充当框架语义角色的论元可能是一个词、短语或分句，本章都统一称为跨度，换句话说，一个跨度是由若干个连续的词组成的一个语义单元。TaRFSP 是一种基于跨度的模型，需要从所有可能的跨度（也称为候选论元）中识别出那些能够充当语义角色的跨度作为论元，因此，如何表示跨度是框架语义分析的一个基本问题。性能优异的跨度表示应不仅能反映跨度本身的语义，而且还能体现论元与目标词之间的语义关系，所以本章介绍一种区别于传统方法的目标词感知的跨度表示方法，用于实现对跨度的语义建模。

传统的方法使用跨度两个边界词表示的拼接（或求平均、求差、求乘积等方式）作为跨度的表示，该类方法在一定程度上能够表达跨度本身的语义，但存在明显的不足。一是对于长跨度语义的表达能力不足，因为对于框架语义分析的论元而言，长度大于两个词的论元普遍存在，只使用边界词表示的方法存在表示不足的问题；二是缺乏与目标词之间语义关系的表达，跨度或跨度中某些词与目标词之间细粒度的语义关系在一定程度上能够反映该跨度所充当的角色类型。目标词感知的跨度表示方法使用注意力机制捕捉目标词与跨度内部每一个词的语义关系信息，一方面克服了传统方法忽略内部单词信息的不足，另一方面强化了目标词与跨度之间的信息交互。

已知 $c_{i:j}$ 为一个长度为 $j-i+1$ 的跨度 $(0 \leqslant i \leqslant j \leqslant m-1)$，其经上下文编码后的输出为 $\boldsymbol{h}_{i:j}$，则 $c_{i:j}$ 对应的目标词感知表示的计算过程如下：

$$\alpha_k = \frac{\exp(\boldsymbol{h}_k^{\mathrm{T}} \boldsymbol{h}_t)}{\sum_{l=i}^{l=j} \exp(\boldsymbol{h}_l^{\mathrm{T}} \boldsymbol{h}_t)} \tag{3.7}$$

$$\boldsymbol{h}_{\mathrm{a}}=\sum_{k=i}^{k=j}\alpha_k\boldsymbol{h}_k \tag{3.8}$$

此外，跨度与目标词之间的相对距离能在一定程度上体现二者之间的语义关系，一般来说，充当核心框架语义角色的论元跨度分布在目标词周围距离较近的位置，而充当非核心框架语义角色的论元跨度位于与目标词距离较远的位置。目标词与给定跨度 $c_{i:j}$ 之间相对距离的计算方法如下：

$$\mathrm{Dis}(t,c_{i:j})=\begin{cases}b-j, & j<b\\ e-i, & i>e\\ 0, & i=b,j=e\end{cases} \tag{3.9}$$

式中，b 和 e 为目标词在文本中的起始和终止位置 $(0\leqslant b\leqslant e\leqslant m-1)$。公式并未考虑目标词与跨度部分重叠时的相对距离，因为这些跨度不可能是目标词对应的论元，会在候选论元生成过程中被过滤掉。过滤策略将在下一小节进行讨论。

最后，我们将目标词感知的跨度表示与传统的基于边界表示的方法融合到一起，形成面向框架语义分析的跨度表示，该表示由四个部分拼接而成，四个部分分别是边界词的表示、目标词感知的跨度表示、目标词与跨度相对距离的表示、跨度长度的表示。给定跨度 $c_{i:j}$，其对应的表示为：

$$\boldsymbol{h}_{\mathrm{a}}=[\boldsymbol{h}_i;\boldsymbol{h}_j;\boldsymbol{h}_{\mathrm{a}};E(\mathrm{Dis}(t,c_{i:j}));E(|c_{i:j}|)] \tag{3.10}$$

式中，$E(\cdot)$ 为嵌入函数，用来将整数值映射为分布式向量表示。

3.3.5 论元识别

论元识别的目标是从给定句子的所有可能的候选跨度中识别出目标词的论元，论元识别分为两个步骤：候选论元生成和论元识别。

一个包含 m 个词的句子能够产生的跨度数量为 $m(m+1)/2$，对于长句子来说，这个数量会非常庞大，而事实上在标注数据集中，每一个目标词只有大约 3 个论元会出现在上下文中。此外，通过对标注数据的分析发现，论元分布具有局部性，即绝大多数论元都分布在目标词的周围，且论元与目标词之间不存在部分重叠的情况。因此，在候选论元产生过程中，可采用以下三种限制策略过滤掉不太可能是论元的跨度：

① 设置一个固定大小的窗口，以目标词为中心，在窗口内生成候选论元；

② 设置跨度的最大长度，论元跨度不应超过最大长度；

③ 论元跨度不能与目标词部分重叠，但有时论元可能与目标词完全重叠。

本章将符合这三个条件的跨度称为候选论元。例如，跨度“laundry room”不仅是激起框架“Building_subparts”的目标词，也是目标词对应的论元，且在框架“Building_subparts”中的角色为“Building_part”，此时，论元和目标词完全重叠。此外，“is locked up in”与目标词“locked up”部分重叠，根据上述标准，它不属于目标词“locked up”的候选论元。候选论元产生的过程如算法 3. 1 所示。

算法3.1 候选论元产生过程

```
输入：句子 c，目标词 t，窗口大小 winSize，跨度的最大长度 maxLen。
输出：候选论元集合 A。
过程：
令 A = ∅；
b,e=getTargetIndex(c,t)；// 获取目标词在句子中的位置。
winL=max(b−winSize/2,0)；// 确定候选论元产生的左边界位置。
winR=min(e+winSize/2,|c|)；// 确定候选论元产生的右边界位置。
for i=winL to winR do
  for j=i to min(i+maxLen,winR) do
    if !overlap((b, e),(i, j)) then
    // 判断是否存在部分重叠的情形，如果不存在，则可作为候选论元。
      distance=dis(t,c_{i:j})；
      width=j−i；
        A.add((i,j,distance,width))
// 将候选论元添加到候选论元集合中，论元信息包括位置、与目标词的相对距离和长度。
    end if
  end for
end for
A.add((b,e,0,e−b))；// 将目标词添加到候选论元集合中。
返回 A
```

在候选论元生成后，TaRFSP 使用双仿射网络对目标词与候选论元之间的跨度级依赖关系建模。设 $A=\{a_1,a_2,\cdots,a_{|A|}\}$ 为候选论元集合，候选论元 $a_k\in A$ 与目标词 t 之间关系得分的计算方法如下：

$$\boldsymbol{h}_{\mathrm{a}}(a_k)=\mathrm{FFN}_{\mathrm{a}}(\boldsymbol{h}_{a_k}) \tag{3.11}$$

$$\boldsymbol{h}_{\mathrm{s}}(t)=\mathrm{FFN}_{\mathrm{s}}(\boldsymbol{h}_t) \tag{3.12}$$

$$\boldsymbol{g}_{\mathrm{a}}(a_k)=h_{\mathrm{a}}(a_k)^{\mathrm{T}}\boldsymbol{U}_{\mathrm{a}}h_{\mathrm{s}}(t)+\boldsymbol{V}_{\mathrm{a}}^{\mathrm{T}}[h_{\mathrm{a}}(a_k);h_{\mathrm{s}}(t)]+\boldsymbol{b}_{\mathrm{a}} \tag{3.13}$$

式中，$\mathrm{FFN}_{\mathrm{a}}(\cdot)$ 和 $\mathrm{FFN}_{\mathrm{s}}(\cdot)$ 为单层前馈神经网络（feedforward neural network，FFN），激活函数为 $\mathrm{ReLU}(\cdot)$；$\boldsymbol{U}_{\mathrm{a}}\in\mathbb{R}^{d_{\mathrm{a}}\times 2\times d_{\mathrm{a}}}$，$\boldsymbol{V}_{\mathrm{a}}\in\mathbb{R}^{2d_{\mathrm{a}}\times 2}$ 和 $\boldsymbol{b}_{\mathrm{a}}\in\mathbb{R}^2$ 为双仿射网络的参数矩阵。最后，使用 softmax 函数将分数映射为概率分布：

$$P(y(a_k) \mid c,t,a_k) = \text{softmax}(\boldsymbol{g}_{\text{a}}(a_k)) \tag{3.14}$$

式中，$y(a_k) \in \{0,1\}$ 表示候选论元 a_k 是否为目标词对应的论元。在预测阶段，满足如下条件的候选论元被识别为目标词对应的论元：

$$P(y(a_k)=1 \mid c,t,a_k) > P(y(a_k)=0 \mid c,t,a_k) \tag{3.15}$$

3.3.6 角色分类

角色分类的目标是识别出目标词与论元之间的语义关系类型，即论元充当的语义角色，其本质是一个针对（目标词，论元）对的多分类问题。TaRFSP 假定角色之间相互独立，论元的角色只依赖于目标词和当前框架，与其他论元的角色类型无关。因此，TaRFSP 首先融合目标词与论元的信息，从而捕捉二者之间的关系信息；然后再进一步融合框架的信息，捕捉角色对框架的依赖信息；最后使用线性网络实现角色分类。详细的计算过程如下：

$$\boldsymbol{h}_{\text{r}}(a_k) = \text{FFN}_{\text{r}}(\boldsymbol{h}_{a_k}) \tag{3.16}$$

$$\boldsymbol{h}_{\text{o}}(t) = \text{FFN}_{\text{o}}(\boldsymbol{h}_t) \tag{3.17}$$

$$\boldsymbol{h}_{\text{c}}(a_k) = \text{FFN}_{\text{c}}([\boldsymbol{h}_{\text{r}}(a_k);\boldsymbol{h}_{\text{o}}(t)]) \tag{3.18}$$

$$\boldsymbol{g}_{\text{o}}(a_k) = \boldsymbol{W}_{\text{o}}^{\text{T}}[\boldsymbol{h}_{\text{c}}(a_k);\boldsymbol{M}^{(F)}[\hat{f}]] + \boldsymbol{b}_{\text{o}} \tag{3.19}$$

式中，$\text{FFN}_{\text{r}}(\cdot)$，$\text{FFN}_{\text{c}}(\cdot)$ 和 $\text{FFN}_{\text{o}}(\cdot)$ 均为单层前馈神经网络，激活函数为 $\text{ReLU}(\cdot)$；$\boldsymbol{W}_{\text{o}} \in \mathbb{R}^{(d_{\text{o}}+d_{\text{f}})\times|\tilde{R}|}$ 和 $\boldsymbol{b}_{\text{o}} \in \mathbb{R}^{|\tilde{R}|}$ 为线性网络的参数矩阵；$\tilde{R} = R \cup \{\text{Null}\}$ 为角色集合与 {Null}（Null 表示当前论元不充当任何角色）的并集；$\boldsymbol{M}^{(F)}[\hat{f}]$ 表示从框架表示矩阵中获取预测出的框架 $\hat{f}$ 的向量表示，该表示和（目标词，论元）对的融合表示 $\boldsymbol{h}_{\text{c}}(a_k)$ 一起作为角色分类器的输入。角色分类器采用线性网络而没有采用论元识别模块所使用的双仿射网络的原因主要有以下两点：一是双仿射网络系统开销比较大，特别是当类别较多时，论元识别只有两类而角色分类的类别数远远大于 2（$|\boldsymbol{R}| \gg 2$）；二是采用多样的网络结构有利于模型聚焦论元识别和角色分类的不同特性。为了进一步捕捉论元识别对角色分类的影响，模型将每一个候选论元在论元识别时的打分 $\boldsymbol{g}_{\text{a}}(a_k)$ 也融合到角色分类中，此时，$\boldsymbol{g}_{\text{o}}(a_k)$ 的计算如下：

$$\boldsymbol{g}_{\text{o}}(a_k) = \boldsymbol{W}_{\text{r}}^{\text{T}}[\boldsymbol{h}_{\text{c}}(a_k);\boldsymbol{M}^{(F)}[\hat{f}];\boldsymbol{g}_{\text{a}}(a_k)] + \boldsymbol{b}_{\text{r}} \tag{3.20}$$

式中，$\boldsymbol{W}_{\mathrm{r}} \in \mathbb{R}^{(d_{\mathrm{o}}+d_{\mathrm{f}}+2)\times|\tilde{R}|}$ 和 $\boldsymbol{b}_{\mathrm{r}} \in \mathbb{R}^{|\tilde{R}|}$ 为线性网络的参数矩阵。最后，使用 softmax 函数将分数映射为概率分布：

$$P(r(a_k) \mid c,t,a_k,\hat{f}) = \mathrm{softmax}(\boldsymbol{g}_{\mathrm{o}}(a_k)) \tag{3.21}$$

式中，$r(a_k) \in \tilde{R}$ 为论元 a_k 对应的角色。

3.3.7 模型训练和预测

在模型训练阶段，我们使用交叉熵损失优化 TaRFSP 模型，损失函数由框架识别损失、论元识别损失和角色分类损失三部分构成，在每一个样本上的损失计算方法如下：

$$L(\varPhi) = L_{\mathrm{f}} + L_{\mathrm{a}} + L_{\mathrm{r}} \tag{3.22}$$

式中，

$$L_{\mathrm{f}} = -\sum_{i=1}^{i=|F|} f_i \log(P(f = \hat{f}_i|c,t)) \tag{3.23}$$

$$L_{\mathrm{a}} = -\sum_{k=1}^{k=|A|}\sum_{i=1}^{i=2} y_i \log(P(y(a_k) = \hat{y}_i|c,t,a_k)) \tag{3.24}$$

$$L_{\mathrm{r}} = -\sum_{k=1}^{k=|A|}\sum_{j=1}^{j=|\tilde{R}|} r_j \log(P(r(a_k) = \hat{r}_j|c,t,a_k,\hat{f})) \tag{3.25}$$

f_i、y_i 和 r_j 为框架、论元和角色的真实标签值；$\hat{f}_i$、$\hat{y}_i$ 和 $\hat{r}_j$ 为预测标签值。为了保证训练与预测时的一致性，角色分类模块中融合的框架信息使用框架识别模块预测出的框架 $\hat{f}$。

在预测阶段，框架识别模块预测目标词能够激起的框架，论元识别模块从候选论元中识别出论元，角色分类模块预测论元对应的语义角色。为保证预测出的角色在语义上属于当前框架，要求角色类型必须属于当前框架下的角色 $\tilde{R}_{j}$。早期的研究对论元施加了非重叠约束，该约束要求论元之间不能够完全或部分重叠，即构成论元的任意两个跨度不能够存在交叉的情形。由于 TaRFSP 模型相互独立地识别每一个论元，因此不能够完全满足论元非重叠的约束。为了解决这个问题，在预测过程中，采用一种贪婪搜索策略从得分最高的论元中依次搜索满足约束条件的论元。完整的预测过程如算法 3.2 所示。

算法3.2　框架语义分析过程

输入：句子 c，目标词 t，模型 $P_{\Phi}(\cdot)$，候选论元集合 $A=\{a_1,\cdots,a_{|A|}\}$。

输出：框架 $\hat{f}$ 和（论元，角色）对集合 C。

过程：

令 $cur=0, C=\varnothing, A^{+}=\varnothing$；

$\hat{f}=\operatorname{argmax}_{f\in F_{lu}} P(f\mid c,t,lu)$；// 使用式 (3.6) 预测目标词 t 在文本 c 中激起的框架。

$A^{+}=\{(a_k,score)\mid a_k\in A, score=P(y(a_k)=1\mid c,t,a_k)\}$；// 从候选论元中筛选出满足条件式（3.15）的候选论元形成目标词的论元集合，以及预测的概率值 score。

$A^{+}=sortedbyScore(A^{+})$；// 根据 score 对论元进行降序排序。

while $|A^{+}|>2$ do

　for $idx=1$ to $|A^{+}|-1$ do

　　if $cur<idx$ and $isOverlap(A^{+}[cur],A^{+}[idx])$ then

　　　$A^{+}.removeByIdx(idx)$；// 从集合 A^{+} 中删除得分较低的重叠论元。

　　end if

　end for

　$cur=cur+1$；// 到下一个元素。

end while

for a_k in A^{+} do

　$\hat{r}_k=\operatorname{argmax}_{r_k\in \hat{R}_{\hat{f}}} P(r(a_k)\mid c,t,a_k,\hat{f})$ // 根据式 (3.21) 的概率分布预测论元在当前框架

下充当的语义角色。

　if $\hat{r}_k$ is not Null then

　　$C.add((a_k,\hat{r}_k))$；// 如果论元的角色类型不是 Null，则加入集合 C 中。

　end if

end for

返回 $\hat{f}$，C

3.4　实验与结果分析

3.4.1　实验环境设置

本节主要介绍实验数据集、参数设置、评价指标和基线模型等实验设置情况。

（1）实验数据集

实验使用公开发布的框架语义分析标准数据集 FN1.5 和 FN1.7，还使用了 FrameNet 中的示例数据，每个示例数据只标注一个目标词及其对应的语义角色，标准数据集和示例数据统计情况见第 1 章。在对框架识别子任务的性能评价中，采用与第 2 章相同的测试数据，标准测试集表示为 Std-test，Ambiguous 测试集表示为 Amb-test。此外，实验还在 CFN2.0 中文框架语义分析评测数据集上进行了验证，有关数据集的详细统计信息见第 1 章。

（2）实验参数设置

在英文数据集上训练的两个模型分别使用了两种不同的上下文编码器，即BERT和BiLSTM，因此，需要设置两组不同的参数。具体而言，BiLSTM采用2层结构，词嵌入使用300维的Glove嵌入进行初始化；而BERT使用Bert-base-uncased初始化，在训练阶段微调其参数。为了进行公平比较，论元最大长度设置为20，保持与已有工作相同。在中文数据集上训练的模型都采用chinese-bert-wwm-ext对模型进行初始化。详细的参数设置如表3.1所示，使用“/”区分使用不同上下文编码器的相关参数设置。

表3.1 模型参数设置表

参数	参数值
上下文编码器类型	Bert-base-uncased/BiLSTM/chinese-bert-wwm-ext
BiLSTM层数	—/2/—
词嵌入表示向量维度	—/300-d Glove/—
嵌入层dropout率	0.2/0.2/0.2
隐层表示维度 d_h, d_a, d_o	768/300/768
框架嵌入表示向量维度 d_f	150
跨度长度嵌入表示向量维度	150
跨度位置嵌入表示向量维度	150
跨度最大长度maxLen	20
窗口大小winSize	40
前馈网络FFN的dropout率	0.2
示例数据上的预训练轮数	50/50/—
标准训练集上的训练轮数	150/150/20
学习率	1e-3/1e-3/2e-5
批次大小	4/4/6
优化器	AdamW
Warmup率	0.1

（3）实验评价指标

对于FI和FSRL联合建模的框架语义分析任务，一般采用全结构评价指标，包括精确率FP、召回率FR和FF1值。与传统的评价方法不同，全结构评价考虑了预测框架和真实框架在框架网中的距离信息，以及角色的重要性（给予核心和非核心框架语义角色不同的权重）。对于FI子任务，仍然使用与第2章相同的准确率评价指标。各指标详细的计算公式见第1章，本节不再赘述。

（4）实验基线模型

基线模型主要分为两类。第一类是流水线模型，即框架识别和框架语义角色标注是两个独立的模型，该类模型包括：Semafor、Hermann-14、Framat+context、

Open-Sesame 模型，以及 Täckström、FitzGerald、Yang 和 Mitchell 提出的模型，每一个模型的特点已在相关工作中进行了详细描述。第二类是联合学习模型，该类模型由一个单独的模型完成框架识别和框架语义角色标注，包括 Peng 等人提出的 NeuboParser 和 Chen 等人提出的 FI 和 FSRL 联合模型。此外，实验还选取了在中文数据集 CFN2.0 上取得 SOTA 性能的框架语义分析模型（RoPE-JFSRL）作为在中文数据集上的对比基线模型，该模型使用旋转式编码的方式对上下文进行表示，然后使用基于跨度分类的方法进行框架识别、论元识别和角色分类。

3.4.2 对比实验结果

（1）框架识别性能对比

框架识别的性能对比情况如表 3.2 所示，结果共分为三组：流水线模型的框架识别准确率；联合学习模型的框架识别准确率；TaRFSP 模型的框架识别准确率。表中只列出部分流水线模型的框架识别准确率，是因为它们在框架识别时直接使用了 Hermann-14 或 SimpleFrameId 模型的识别结果，并未构建自己的框架识别模型。由于早期的模型采用基于特征的方法，它们与使用 BiLSTM 和 BERT 作为编码器的模型进行直接比较是不公平的，因此，以下主要针对上下文编码器和训练数据集一致情况下的模型性能进行对比分析。

表3.2 框架识别性能对比 单位：%

分组	模型	FN 1.7		FN 1.5	
		Std-test	Amb-test	Std-test	Amb-tes
1	Semafor	—	—	83.60	69.19
	Hermann-14	—	—	88.41	73.10
	SimpleFrameId	83.00	71.70	87.63	73.80
	Open-SESAME	86.55	72.40	86.40	72.80
	*Yang and Mitchell	—	—	88.20	75.70
2	* NeuboParser（BiLSTM）	88.60	76.60	89.20	76.30
	* Chen 等人提出的模型（BiLSTM）	88.65	76.70	89.40	76.70
	* Chen 等人提出的模型（BERT）	90.10	78.90	90.50	79.10
3	* **TaRFSP**（BiLSTM）	88.71	76.80	88.78	76.20
	* **TaRFSP**（BERT）	**91.71**	**82.45**	**92.07**	**81.20**

实验结果显示，同时使用标准训练集和示例数据集的模型（加“*”的模型）在框架识别上的性能显著优于只使用标准训练集的模型，因为这些模型使用了更多的数据进行模型训练。联合学习模型总体上优于流水线模型，如

NeuboParser 和 Yang and Mitchell 提出的模型都使用 BiLSTM 作为上下文编码器，但 NeuboParser 的性能更好。使用 BiLSTM 作为上下文编码器的三个联合学习模型在 FN1.7 上的框架识别性能没有显著区别，TaRFSP（BiLSTM）略微优于其他两个模型，Chen et al.（BiLSTM）在 FN1.5 上的性能略微优于其他两个模型，这主要归功于该模型在框架识别中使用了一种多目标词聚合机制。在使用 BERT 作为上下文编码器的两个联合学习模型中，本书提出的 TaRFSP 模型显著优于 Chen 等人提出的模型（BERT），说明随着上下文编码器表示能力的提升，目标词聚合机制的作用并不明显，原因是 BERT 编码器能够充分地将目标词的上下文信息融合到目标词的表示中。此外，TaRFSP 模型使用双编码结构同时学习目标词和框架向量的表示，该向量表示与角色分类模块之间具有一定的交互关系，有助于模型学习到更好的框架表示，从而进一步提高框架识别的泛化能力。

（2）全结构评价性能对比

全结构性能评价指标是在 FI 和 FSRL 联合学习任务上普遍使用的评价指标，因为该指标能够同时反映框架识别和框架语义角色标注的性能。如表 3.3 所示，表中模型分为三组：流水线模型、使用 BiLSTM 作为编码器的联合学习模型、使用 BERT 作为编码器的联合学习模型。实验结果显示，联合学习模型在 FN1.5 数据上的全结构评价性能显著优于流水线模型，表明联合学习模型在框架语义全结构抽取上更具优势，因为其在建模过程中同时考虑了框架识别与角色识别，有助于模型学习到框架与角色之间的语义关联性。NeuboParser 和 Yang and Mitchell（REL）提出的模型使用相同的编码器，且 Yang and Mitchell（REL）提出的模型使用了集成学习策略，集成了 Yang and Mitchell（SEQ）提出的模型的结果，但其性能表现仍然不及 NeuboParser 模型。

表3.3　在FN1.5数据集上的全结构评价性能对比　　单位：%

分组	模型	FP	FR	FF1
1	Semafor	69.2	65.1	67.1
	Hermann-14	72.8	64.9	68.6
	Framat+context	71.1	64.8	67.8
	Täckström	75.4	65.8	70.3
	FitzGerald 等人提出的模型	74.8	65.5	69.9
	Open-Sesame	71.0	67.8	69.4
	*Yang and Mitchell（SEQ）提出的模型	69.6	70.9	70.2
	*Yang and Mitchell（REL）提出的模型	77.1	68.7	72.7

续表

分组	模型	FP	FR	FF1
2	*NeuboParser（BiLSTM）	79.2	71.7	75.3
	*Chen 等人提出的模型（BiLSTM）	75.1	76.9	76.0
	***TaRFSP**（BiLSTM）	**78.1**	75.4	**76.7**
3	*Chen 等人提出的模型（BERT）	78.2	82.4	80.2
	***TaRFSP**（BERT）	**82.5**	82.4	**82.5**

表 3.3 显示，不论采用哪种编码器，本章提出的 TaRFSP 模型在 FN1.5 数据上的全结构评价性能显著优于其他基线模型。具体而言，虽然 TaRFSP(BiLSTM）在框架识别上的性能落后于其他两个联合学习模型 NeuboParser（BiLSTM）和 Chen 等人提出的模型（BiLSTM)，但在全结构评价的 FF1 指标上分别超出这两个模型 1.4% 和 0.7%，说明 TaRFSP（BiLSTM）在框架语义角色标注上更具优势。TaRFSP（BERT）的全结构评价性能与其他两个联合学习模型相比，优势更加明显，FF1 指标值高于 Chen 等人提出的模型（BERT）2.3 个百分点。此外，在 FN1.7 数据上的实验结果（见表 3.4）也显示 TaRFSP 模型显著优于其他两个联合学习模型，表明 TaRFSP 模型具有良好的泛化性能。

表3.4　在FN1.7数据集上的全结构评价性能对比　　单位：%

模型	FP	FR	FF1
NeuboParser（BiLSTM）	78.0	72.1	75.0
Chen 等人提出的模型（BiLSTM）	74.0	77.1	75.5
TaRFSP（BiLSTM）	**79.2**	74.0	**76.5**
Chen 等人提出的模型（BERT）	80.0	81.8	80.9
TaRFSP（BERT）	**83.8**	**82.1**	**82.9**

实验结果表明了本章提出的依赖假设的合理性，以及模型构建方法的可行性。NeuboParser 在打分时独立地为每一个（论元，角色）对打分，但没有显式地建模角色对框架的依赖信息，虽然在预测阶段使用了优化算法搜索全局最优解，但受限于打分模型未能捕捉到角色对框架的依赖信息，导致预测出语义不一致的角色类型，从而影响整体性能。Chen 等人提出的模型显式地对角色之间的依赖关系进行建模，但由于当前角色识别的性能普遍较低，前一个错误识别的角色会影响后续角色的预测，存在错误传播问题。即使该模型具有较高的召回率（FR 指标值较高），但准确率（FP）相对较低，导致整体性能（FF1）不佳。TaRFSP 独立地对目标词和论元之间的关系进行建模，克服了错误传播问题，同时显式地建模角色对框架的依赖关系，使得模型能够较好地捕捉到角色与框架之

间的语义关联，使模型倾向于预测出语义一致的角色，即角色属于当前框架。因为框架预测的准确率远远高于角色预测的准确率，所以框架信息可视为一种高质量的“软约束”，使模型在预测论元的角色时将角色“限制”在当前框架所包含的角色范围内。

表 3.5 为 TaRFSP 模型与 RoPE-JFSRL 在 CFN2.0 上的性能对比。由于 CFN2.0 未提供框架关系信息和角色（核心和非核心）类别信息，所以表中全结构评价指标中涉及的权值都统一设为 1，框架识别采用精确匹配。结果显示，虽然两个模型都将框架语义角色标注建模为语义分类问题，但 TaRFSP 的性能显著优于 RoPE-JFSRL，主要原因有两个：一是 RoPE-JFSRL 没有显式地建模角色对框架的语义依赖关系；二是 RoPE-JFSRL 没有对目标词与候选论元之间的关系进行建模。在中文数据集上的实验结果进一步表明本章所提方法的有效性，同时也表明所提方法具有良好的通用性。

表3.5　在CFN2.0数据集上的全结构评价性能对比　　单位：%

模型	Acc	FP	FR	FF1
RoPE-JFSRL	78.18	68.22	38.40	49.13
TaRFSP	**78.28**	65.73	**48.83**	**56.04**

3.4.3 消融实验结果

为了评估 TaRFSP 模型每个组成模块以及不同参数设置对性能的影响，有必要进行详细的消融实验分析，实验结果如表 3.6 所示，表中“w/o *X*”表示从模型中去除 *X* 模块，“*Δ*”表示相较于全模型 TaRFSP (BiLSTM) 或 TaRFSP (BERT) 的性能变化量。

表3.6　在FN1.5和FN1.7两个数据集上的消融实验结果　　单位：%

模型	FN1.5		FN1.7	
	FF1	*Δ*	FF1	*Δ*
TaRFSP (BiLSTM)	76.7	—	76.5	—
w/o frame embedding	74.4	2.3	74.5	2.0
w/o target attention	75.9	0.8	75.7	0.8
w/o distance embedding	75.7	1.0	75.7	0.8
w/o argument score	76.1	0.6	76.1	0.4
w/o non-overlap constraint	76.6	0.1	76.4	0.1
TaRFSP (BERT)	82.5	—	82.9	—

续表

模型	FN1.5		FN1.7	
	FF1	Δ	FF1	Δ
w/o frame embedding	81.3	1.2	81.8	1.1
w/o target attention	81.9	0.6	82.4	0.5
w/o distance embedding	81.7	0.8	82.3	0.6
w/o argument score	82.2	0.3	82.7	0.2
w/o non-overlap constraint	82.4	0.1	82.8	0.1

（1）框架依赖关系建模对性能的影响

为了捕捉框架对角色分类的依赖信息，TaRFSP 模型在框架识别时，同时学习框架和目标词的上下文语义表示，并将框架的表示融合到角色分类模块中，提升了角色分类模块对框架的感知能力。实验结果（见表 3.6）显示，当移除框架表示模块（w/o frame embedding）后，模型性能显著下降。使用 BiLSTM 作为上下文编码器的模型在两个数据集上的 FF1 值分别下降了 2.3% 和 2.0%；使用 BERT 作为上下文编码器的模型在两个数据集上的 FF1 值分别下降了 1.2% 和 1.1%。实际上，当移除框架表示模块后，TaRFSP 模型退化成了一个多任务学习模型，该模型同时实现框架识别和框架语义角色标注两个任务，这两个任务只能够通过共享上下文编码器实现隐式交互，无法捕捉角色对框架的语义依赖信息。虽然本章使用一种简单的“轻量化”信息交互机制来实现依赖信息的显式建模，但取得了较大的性能提升，由此可见，本章提出的方法是有效的，同时也表明显式建模角色对框架的依赖关系对于提升性能有着重要的影响。

（2）目标词感知的跨度表示对性能的影响

为了捕捉论元与目标词之间的依赖关系信息，本章在跨度表示时加入了基于注意力的感知表示和基于相对距离的表示，用于增强跨度表示对论元和目标词之间依赖关系信息的表达能力。实验结果（见表 3.6）显示，在跨度表示中移除目标词注意力信息（w/o target attention）或相对距离信息（w/o distance embedding）后，模型性能都有明显的下降，说明目标词感知的跨度表示方法增强了传统的基于跨度边界信息表示方法的表达能力，特别是目标词与论元之间依赖关系的表达能力，使得基于关系建模的 TaRFSP 模型取得了较好的性能。

（3）融合论元打分信息对性能的影响

TaRFSP 模型使用双仿射网络对跨度进行打分，并采用了硬过滤和软过滤相结合的方式，一方面根据分数过滤（硬过滤）掉不太可能是论元的跨度，另一方面将论元的打分作为特征融合到角色分类模块中，从而让角色分类模块进一步过滤（软过滤）掉不太可能是论元的跨度（类别为Null）。实验结果（见表3.6）显示，将打分融合到打分模块中的软过滤策略，对于提升模型的性能具有一定的作用，因为在角色分类模块中未融合打分信息（w/o argument score）时，模型性能都有小幅下降。实验结果进一步表明，对于论元识别，两种过滤策略相结合的方式要优于只使用硬过滤的单一方式。

（4）非重叠约束对性能的影响

由于TaRFSP模型独立地预测论元及其角色，没有像已有工作一样显式地对非重叠约束进行建模，因此，在模型预测阶段加入了一种贪婪的搜索策略删除重叠论元。实验结果（见表3.6）显示，非重叠约束（w/o non-overlap constraint）对模型的性能影响较小，换句话说，模型能够比较准确地识别出论元的边界，几乎不存在论元重叠的情形。结果进一步说明，本章提出的方法能独立地识别出每一个论元，且能够保证论元之间不重叠，因此，在模型预测阶段可以直接使用模型的输出作为预测结果，不需要进一步搜索满足约束的解，有利于提高模型预测的运行效率。

（5）示例数据使用方式对性能的影响

已有研究使用框架知识库中提供的示例数据来扩充标准训练数据集，以此来提高模型的性能，但已有工作并未对使用示例数据的方式进行探讨。本小节对比分析了预训练（pre-train）和数据混合（mixture）两种示例数据使用方式对TaRFSP模型性能的影响。预训练方式即先使用示例数据对TaRFSP进行预训练，然后再使用标准训练数据进行训练。而混合方式是直接将示例数据和标准训练数据合成一个数据集，然后再训练模型。对比实验分为两组，组1为使用BiLSTM为编码器的模型，组2为使用BERT为编码器的模型。为了对比分析两种使用示例数据的模型的性能差异，实验以只使用标注训练数据集（w/o exemplars）的模型为基准，分别计算相较于基准模型的性能差Δ，实验结果如表3.7所示。

实验结果显示，对于FI和FSRL联合识别任务而言，与未使用示例数据（w/o exemplars）情形下的TaRFSP模型相比，两种使用示例数据的模型的性能都有所提高，相对而言，预训练方式对性能提升的帮助更大。使用预训练方式和BERT编码器的模型在FN1.5和FN1.7测试数据集上FF1的提升值Δ分别为1.3%和1.5%，而使用BiLSTM作为编码器的模型受益更多，在FN1.5和FN1.7数据集上的FF1值分别提升了3.0%和2.3%。对于FI任务而言，混合方式对提升准确率帮助不大，甚至会导致准确率下降，预训练方式对提升准确率有一定的帮助。总体而言，对于示例数据的使用，预训练方式整体好于混合方式，主要原因是示例数据与标准训练集在数据分布和规模上存在较大的差异。

表3.7 示例数据（exemplars）不同使用方式下的性能对比 单位：%

TaRFSP		FN1.5				FN1.7			
		FP	FR	FF1	Acc	FP	FR	FF1	Acc
组 1	+BiLSTM(pre-train)	78.1	75.4	76.7	88.8	79.2	74.0	76.5	88.7
	+BiLSTM(mixture)	77.8	73.2	75.3	87.9	78.4	73.2	75.7	87.9
	+BiLSTM(w/o exemplars)	75.2	72.1	73.7	88.4	75.7	72.8	74.2	88.0
差值 1	Δ((mixture)-(w/o exemplars))	2.6	1.1	1.6	−0.5	2.7	0.4	1.5	−0.1
	Δ((pre-train)-(w/o exemplars))	**2.9**	**3.3**	**3.0**	**0.4**	**3.5**	**1.2**	**2.3**	**0.7**
组 2	+BERT(pre-train)	82.5	82.4	82.5	92.0	83.8	82.1	82.9	91.7
	+BERT(mixture)	82.5	81.3	81.9	91.2	83.3	81.8	82.5	91.6
	+BERT(w/o exemplars)	81.8	80.8	81.2	91.4	82.8	80.2	81.4	91.3
差值 2	Δ((mixture)-(w/o exemplars))	0.7	0.5	0.7	−0.2	0.5	1.6	1.1	0.3
	Δ((pre-train)-(w/o exemplars))	0.7	**1.6**	**1.3**	**0.7**	**1.0**	**1.9**	**1.5**	**0.4**

由于示例数据是语言学家在构建知识库时为了说明框架所表达的语义而选择的一些典型的句子，这些句子领域分布较为广泛，而标准数据集主要来源于新闻报道、访谈、文学作品等几个领域。此外，示例数据在数量上也远远大于标准训练集（约为标准训练集的 10 倍）。所以，虽然混合方式客观上增加了训练数据，但由于新领域数据的加入会导致领域的偏移，使得框架识别性能下降。预训练方式首先在示例数据上进行模型预训练，然后在标准数据集上训练，克服了两类数据由于领域不一致而造成的领域偏移问题。

3.5 本章小结

本章介绍了一种面向依赖关系建模的框架语义分析方法，它放宽了结构化学习范式中采用的角色相互依赖的假设，将框架语义角色标注建模为目标词与论元之间的受限于框架的语义关系分类问题。基于这种思想，构建了一种新颖的框架识别和框架语义角色标注联合学习模型 TaRFSP，该模型由上下文编码器、框架识别、跨度表示、论元识别、角色分类五个模块组成。为了更好地捕捉论元与目标词之间的关系信息，提出了一种目标词感知的跨度表示方法以增强跨度对目标词的感知能力，在此基础之上使用双仿射网络对目标词与跨度之间的语义关系进行建模；为了捕捉角色对框架的语义依赖信息，使用了一种共享框架嵌入表示的信息交互方法，实现角色对框架的语义依赖关系建模；为了更准确地识别论元，采用了硬约束和软约束相结合的策略。在英文数据集 FN1.5 和 FN1.7，以及中文数据集 CFN2.0 上的实验验证了所提方法的有效性。

第4章 基于区域检测的框架语义分析方法

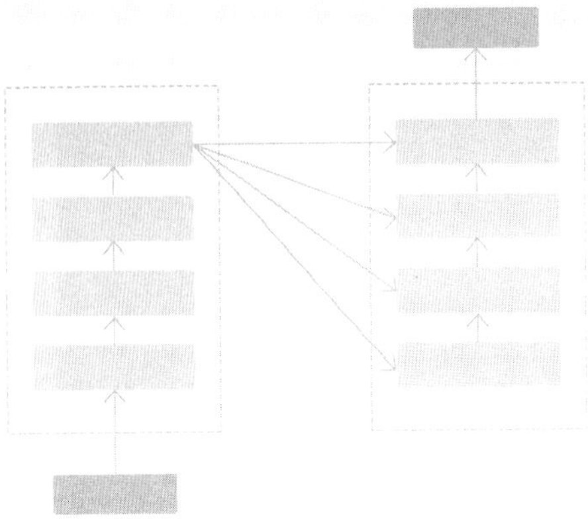

框架语义分析（frame-semantic parsing，FSP）通常包括三个子任务：目标词识别（target identification，TI）、框架识别（frame identification，FI）和框架语义角色标注（frame semantic role labeling，FSRL）。已有研究主要集中在 FI 和 FSRL 两个子任务上，FI 子任务假定目标已给定，FSRL 假定目标和框架都已给定，然而如何构建一个统一的模型自动地实现框架语义分析的研究较少。虽然 Das 和 Bastianelli 等人比较系统地对三个子任务进行了研究，但他们采用的是流水线方式，分别为三个子任务构建独立的模型，存在错误传播和运行效率低的问题。Lin 等人提出了一种端到端的 FSP 模型 FParser，该模型采用基于图构建的思想将三个子任务建模到一个统一的模型中。

端到端框架语义分析（end-to-end frame-semantic parsing, EFSP）的目标是从给定的句子中抽取出其中包含的所有框架语义结构，每一个框架语义结构包括目标词、目标词激起的框架、论元及框架语义角色。其建模的难点是如何实现多重语义关系的建模，传统模型只需要建模候选论元与一个目标词之间的语义关系，而端到端模型试图同时建模候选论元与不同目标词之间的语义关系。此外，端到端模型还需要解决好角色对框架的依赖关系建模，以及三个子任务之间的依赖关系建模问题。FParser 是首个针对 FSP 的端到端模型，但在依赖关系建模方面仍存在一些局限性，主要表现在以下几个方面：一是基于边界的跨度表示方法无法很好地捕捉目标词和论元之间复杂的语义依赖关系，在端到端模型中，一个论元可能需要与多个目标词进行交互，需要突显不同的语义关系；二是对任务之间存在的依赖关系未进行显式建模，不能有效发挥框架对角色的约束作用；三是在模型设计上未能充分考虑目标词和论元之间存在的潜在重叠问题，从而造成了目标词或论元的丢失；四是 FrameNet 中丰富的词元知识未被充分利用。例如，与一个框架相关联的词元知识对于指导模型进行目标词识别具有非常重要的指导意义。现有的研究仅仅在 FI 中使用词元与框架之间的映射关系进行框架过滤，而没有将该类知识融入上下文编码器中，不能充分发挥这类信息的作用。

为了构建一个能对框架语义分析中存在的各类语义依赖关系进行充分建模，并能解决 FParser 不足的端到端框架语义分析建模方法，本章提出了一种基于表格编码和区域检测的框架语义分析模型 EFSP-TE，该模型通过构建显著性向量的方法将框架语义知识库中的词元 - 框架映射知识融合到上下文编码器中，解决了词元知识的利用问题；受关系抽取和方面级情感抽取领域相关工作的启发，提出一种表格编码的方法，用于进行关系建模，同时将面向文本的序列表示转换为表格表示。该方法利用 Biaffine 网络捕捉词与词之间的语义依赖关系，利用多层 ResNet 风格的卷积神经网络（ResNet-style-CNNs）捕捉局部的、多层级的跨度间依赖关系，缓解了 FParser 对语义依赖关系建模不充分的问题，如图 4.1 所示。

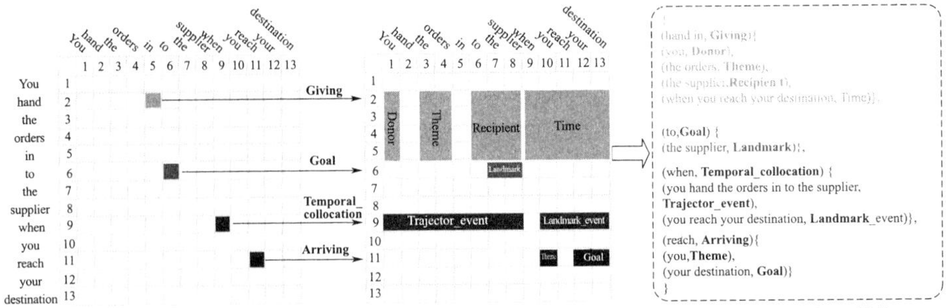

(a)(目标词，框架)抽取　　(b)(论元，角色)抽取　　(c)抽取的框架语义结构

图 4.1　基于区域检测的端到端框架语义分析示例

受图像处理领域目标检测任务的启发，模型将潜在目标词和论元识别视为在表格编码表格上进行区域检测的问题，通过识别区域的左上角单元格和右下角单元格唯一地确定一个区域。同时，模型使用两个独立的模块来独立地识别潜在目标词和论元，解决了 FParser 存在的目标词或论元丢失问题。模型将 FI 建模为对潜在目标词区域的分类问题，将 FSRL 视为对潜在论元区域的分类问题，并将预测出的框架嵌入表示作为角色分类的特征，目的是显式地建模角色对框架的语义依赖关系。

4.1　相关工作

面向区域检测的框架语义分析方法实现的基础是构建对文本的表格表示，现有的基于表格的方法可以大致分为表格填充和表格编码两类方法。

4.1.1　基于表格填充的方法

给定一个包含 L 个单词的句子和一个包含 C 个类别的任务，表格填充方法旨在获得一个大小为 $L\times L\times C$ 的单词 - 单词评分矩阵 $\boldsymbol{S}$，然后将该矩阵解码为一个 $L\times L$ 的二维表 $\boldsymbol{T}$，其中，每个单元格是相应单词对的标签得分。表格填充方法最早被应用在实体和关系联合抽取任务上。随后的众多研究主要围绕解码方法展开，Gupta 等人通过使用双向循环神经网络解码评分矩阵；Zhang 等人将句法特征引入关系表示，并在解码阶段引入全局归一化；Adel 等人使用线性链条件随机场来获得全局最优的填表结果；Shang 等人提出了一种基于填表的方法，以单模块一步运行的方式从句子中提取三元组。上述方法通常通过特征拼接来获得表格表示，并采用各种复杂的策略来解码表格中每个单元格的标签。

基于表格编码的方法主要关注如何学习更强大的表格表示，从而为进一步分类提供语义丰富的表示，而基于表格填充的方法主要关注获取评分表格并设计复杂的解码策略，以获得填充标签的二维表。基于表格编码的代表性工作有：Wang 等人使用多维循环神经网络（MDRNNs）作为联合实体和关系抽取（ERE）任务的表格编码器；Zhang 等人使用基于张量的操作作为方面情感三元组抽取（ASTE）任务的表格编码器。

4.1.2 基于表格编码的方法

与现有方法不同，本章的方法将端到端 FSP 视为基于表格编码器的联合抽取任务，能够以一步的方式从句子中抽取框架语义结构信息。为了支持这一目标，构建了 EFSP-TE 模型，其中包括将词元知识纳入上下文编码器、使用 Biaffine 网络和 ResNet 风格的卷积神经网络捕捉多层次语义信息、使用基于区域检测的方法识别候选目标词与论元、显式建模框架语义角色对框架的依赖关系等，从而形成了一种基于表格编码和区域检测的端到端框架语义分析方法。

4.2 任务定义

端到端框架语义分析（EFSP）的目标是从给定的句子中抽取出其中包含的所有框架语义结构，每一个框架语义结构包括目标词、目标词激起的框架、论元及框架语义角色。形式化地，给定一个包含 n 个单词 $w_1, w_2, \cdots, w_n$ 的句子 X，EFSP 旨在抽取一组框架语义结构 $Y = \{y_1, y_2, \cdots, y_k\}$。假设 k 为语义结构的个数，第 i 个（$1 \leqslant i \leqslant k$）结构可表示为一个二元组 $y_i = (\mathrm{TF}_i, \mathrm{AR}_i)$，其定义如下：

① $\mathrm{TF}_i = (t_i, f_i)$ 是一个（目标词，框架）对，其中，t_i 是在句子 X 中能够激起框架的单词或短语，$f_i \in F(\{\mathrm{Null}\} \cup F)$ 是由 t_i 激起的框架，F 是框架语义知识库中所有框架构成的集合。当 f_i 为 Null 时，表示 t_i 激起了一个空框架，换句话说该词不是一个合法的目标词，集合 TF_i 不保留该（目标词，框架）对。

② $\mathrm{AR}_i = \{(a_{i,1}, r_{i,1}), \cdots, (a_{i,\mathrm{rd}_i}, r_{i,\mathrm{rd}_i})\}$ 是（论元，角色）对集合，其中，$a_{i,j}$ 表示句子 X 的目标词 t_i 对应的第 j ($1 \leqslant j \leqslant \mathrm{rd}_i$) 个论元，$\mathrm{rd}_i$ 是论元的数量，$r_{i,j} \in \tilde{R} = \{\mathrm{Null}\} \cup R$ 是论元对应的框架语义角色。R 是框架语义知识库中所有角色的集合，R_{f_i} 表示

框架 f_i 的特定角色集，是 R 的子集。当角色 $r_{i,j}$ 为 Null 时，表示 $a_{i,j}$ 不是目标词 t_i 的论元，集合 AR_i 中不保留该（论元，角色）对。

图 4.1（c）展示了从例句中抽取出的四组框架语义结构，“（to, Goal）{（the supplier，Landmark）}”是其中之一，其中，（to, Goal）是（目标词，框架）对，{（the supplier, Landmark）}是（论元，角色）集合。

已有研究通常将 TI 和 FI 视为两个独立的子任务，有些研究将 FSRL 建模为论元识别和角色分类两个相关的子任务。由任务定义可知，与已有研究不同，本章将 TI 和 FI 两个子任务统一建模为框架分类任务，即同时识别目标词和框架；将 FSRL 建模为角色分类任务，同时识别论元和角色，且角色分类任务依赖于框架分类任务。

4.3 基于区域检测的框架语义分析模型

基于区域检测的端到端框架语义分析模型 EFSP-TE 由四个模块组成：上下文编码器、表格编码器、区域检测和分类模块（见图 4.2）。本节首先介绍带有显著性嵌入的上下文编码器，接下来介绍基于 Biaffine 网络和多层 ResNet-style-CNNs 的表格编码器，然后介绍基于表格编码器的潜在目标词和论元区域检测模块的实现方法，最后介绍基于区域表示的框架和角色分类模块的实现方法。

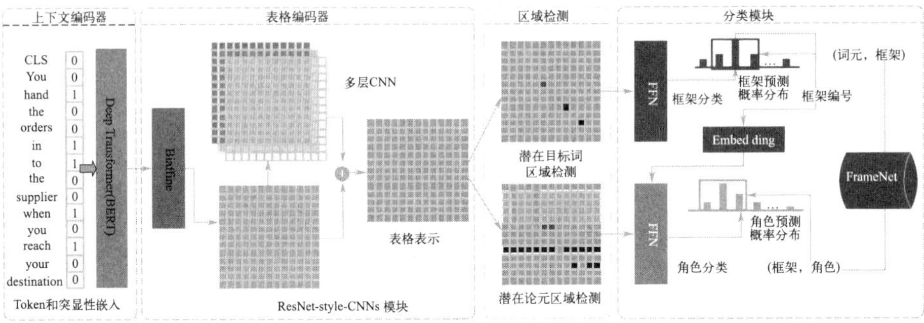

图 4.2　EFSP-TE 模型结构示意图

表4.1　框架“Giving（给予）”在框架语义知识库FrameNet中的描述信息

Frame（框架）: Giving（给予）
Definition（定义）: A Donor transfers a Theme from a Donor to a Recipient **Frame elements**（框架元素）: Donor: Theme: Recipient: Circumstances: Degree: Manner: Period of iterations: Depictive: Explanation: Imposed purpose: Means: Purpose: Place: Time **Lexical units**（词元）: give.v: gift.n: hand in.v: hand.v: pass.v: donate.v: endow.v: etc **Annotated exemplar**（标注例句）: \$300 $_{\text{Theme}}$ was **endowed** to the university $_{\text{Recipient}}$ to build a new performing arts building $_{\text{Purpose}}$

4.3.1 融合显著性嵌入的编码器

由第 1 章可知，框架语义知识库中包含词元库，存储了词元与框架之间的对应关系，即根据某词元能够找到其可能激起的所有框架。也可以从框架语义知识库中的框架库检索到每一个框架所包含的词元。词元采用“原形 + 词性标记”的形式表示，如单词“gives”和“gave”的词元都表示为“give.v”。在一个句子中，一个目标词（一个词或短语）可以被视为词元的一个实例。例如，在表 4.1 的标注示例句中，endowed 可被视为词元 endow.v 的一个实例。如果给定句子中的目标词对应的词元被包含在某个框架的词元列表内，那么这个词很可能是一个目标词。因此，直观地说，可以利用这种词元与框架的映射知识来突显给定句子中可能的目标词，这一突显信息有助于提高模型对目标词的识别能力。

具体而言，对于给定的句子，首先使用词形还原和词性标注工具获取每个词的原形和词性，并将它们组合成词元形式；然后构建一个与句子长度相同的独热向量，用于指示句子中哪些词可能是目标词，如果一个目标词对应的词元可以与框架语义知识库中某个框架的词元相匹配，则向量相应位置的值设为 1，否则设为 0。本书将得到的独热向量称为显著性嵌入，并将这一嵌入融入上下文编码器（如 BERT）的输入中。形式上，给定输入句子 X，上下文编码器的嵌入可以表示为：

$$\mathrm{Emb}(X) = \mathrm{Tok}(X) + \mathrm{Pos}(X) + \mathrm{Sal}(X) \tag{4.1}$$

式中，$\mathrm{Tok}(\cdot)$、$\mathrm{Pos}(\cdot)$ 和 $\mathrm{Sal}(\cdot)$ 分别是 Token 嵌入函数、位置嵌入函数和显著性嵌入函数。

需要注意的是，如果一个词能够在框架语义知识库中匹配到一个框架，那么说明该词在特定上下文中可以激起框架，然而，现实可能非常复杂，某些词能否激起框架与它在句子中充当的句法功能有着密切的联系，所以能够匹配到框架并不意味着该词在当前句子中一定可以成为目标词。例如，语义贫乏的支持谓词（如动词 make 在 make a request 中）不能激起框架。此外，只有表示时间、位置和方向意义上的介词才能够激起框架。换句话说，模型中融入的显著性嵌入只能作为一种指示器，指示具有较高显著性值的词更有可能是目标词，但不能完全保证。

4.3.2 基于卷积网络的表格编码器

除 Lin 等人提出的端到端框架语义分析模型 FParser 外，已有研究都是在一次运行中提取句子中指定的某一个目标词对应的框架语义结构，且需要事先指定目标词。如何在不指定目标词的情形下，在一次运行中自动地识别出句子中包含的所有框架语义结构是端到端框架语义分析要解决的主要问题。其中，实现词与词、跨度与跨度之间的语义关系建模是解决该问题的关键所在，因为，在端到端框架语义分析中，同一跨度在不同的框架下与目标词之间应具有不同的语义关系，这就要求编码器在编码过程中能够充分实现词与词、跨度与跨度之间充分的信息交互。

基于上述分析，EFSP-TE 采用了一种基于表格编码的方法，该方法将经 Transformer 后形成的针对句子的序列表示转换成突显语义关系的表格表示，目的是更好地建模词与词之间、跨度与跨度之间的语义关系。具体而言，首先使用 Biaffine 网络捕捉细粒度的词与词之间的语义关系信息，同时将序列表示转换成表格表示；然后利用 ResNet-style-CNNs 在表格上捕捉多层次的局部语义信息，多层次的局部信息体现了不同长度的跨度之间的语义关系信息；最后将两类信息融合到一起，形成语义关系信息丰富的表格表示。

（1）全局词关系编码

虽然基于 Transformer 架构的序列编码器能够在一定程度上捕捉到同一句子中不同词之间的语义关系信息，但这些信息对于抽象程度比较高的框架语义分析是不够的，或者说没有充分捕捉到框架语义分析所需要的语义关系信息，因此，在对句子进行序列表示的基础之上，需要进一步对词与词之间的关系进行建模。由于在语义上存在依赖关系或语义关联程度较高的词往往同属一个论元或同属一个框架语义结构，因此，捕捉词与词之间细粒度的语义关系信息能够获得有利于框架语义分析的语义表示。

受依存句法分析（dependency parsing, DP）和命名实体识别（name entity recognition, NER）研究的启发，EFSP-TE 使用 Biaffine 网络对词与词之间的关系进行建模。Biaffine 网络具有比较强的建模词与词之间语义关系的能力，在依存关系建模上取得了良好的效果。已有研究直接使用 Biaffine 网络构建分类器，与这些研究不同的是，EFSP-TE 将 Biaffine 网络视为一个特征提取和表格表示器，在提取词与词之间语义关系信息的同时，生成一个突显词关系的三维表格。形式化地，设 $\boldsymbol{H} \in \mathbb{R}^{l \times d}$ 是上下文编码器输出的序列表示，则特征提取和表格构建的过程如下：

$$\boldsymbol{T} = \boldsymbol{H}^{\mathrm{T}} \boldsymbol{U} \boldsymbol{H} + \boldsymbol{W}(\boldsymbol{H} \oplus \boldsymbol{H}) \tag{4.2}$$

$$\tilde{\boldsymbol{T}} = \mathrm{gelu}(\boldsymbol{V}^{\mathrm{T}}(\tilde{\boldsymbol{H}} \oplus \boldsymbol{T} \oplus \tilde{\boldsymbol{H}}) + \boldsymbol{b}) \tag{4.3}$$

式中，$\boldsymbol{U} \in \mathbb{R}^{d \times m \times d}$ 和 $\boldsymbol{W} \in \mathbb{R}^{2d \times m}$ 是两个参数矩阵；$\oplus$ 表示矩阵连接操作；$\boldsymbol{T} \in \mathbb{R}^{l \times l \times m}$ 是 Biaffine 网络的输出结果。在获得 Biaffine 网络的表示后，再使用一个线性网络和 gelu(·) 激活函数将 $\boldsymbol{T}$ 和上下文编码器输出的序列表示 $\boldsymbol{H}$ 进行融合，得到最终的基于 Biaffine 网络的三维表格表示 $\tilde{\boldsymbol{T}} \in \mathbb{R}^{l \times l \times m}$，其中，$\boldsymbol{V} \in \mathbb{R}^{d \times (2d+m)}$ 为参数矩阵，$\tilde{\boldsymbol{H}} \in \mathbb{R}^{l \times l \times d}$ 是通过广播操作从 $\boldsymbol{H}$ 扩展而来的序列表示，$\boldsymbol{b} \in \mathbb{R}^{d}$ 是偏置项。

（2）多层局部语义关系编码

基于 Biaffine 网络的编码器能够实现句子中任意两个单词之间的信息交互，从而形成一种全局关系表示。然而，框架语义结构信息在句子中的分布往往具有局部性，具体体现在两个方面，一是一个论元通常由句子中连续的字或词组成，二是句子中包含的任一框架其语义单元的分布具有局部性，即通常论元分布在目标词的周围，且它们一起组成一个比较完整的语义单元（如短语、从句等）。如图 4.1 所示，目标词“reach”激起了“Arriving”框架，论元“you”和“your destination”在该框架中充当 Theme 和 Goal 角色，这两个论元分布在目标词周围。在该例句中，“you reach your destination”是一个能够表达“Arriving”框架的语义单元。因此，为了获得更好的目标词、论元、论元与目标词之间关系的语义表示，提升它们对局部信息的感知能力，有必要在基于 Biaffine 网络形成的表格编码的基础上进一步提取局部语义信息。

卷积神经网络 CNN 是一种常见的用来对局部信息建模的神经网络，因此，EFSP-TE 使用 CNN 在表格编码器形成的表示基础之上提取局部关系信息。在一个句子中，目标词、论元、框架语义单元在大多数情况下都是由一个或多个词组成的跨度，且跨度的长度各异。此外，由于不同的目标词激起不同的框架，所以目标词与论元之间也具有多种不同的语义关系。为了更好地提取局部语义信息，EFSP-TE 采用多层 ResNet 风格的 CNN 网络块（ResNet-style-CNNs 模块）结构，目的是更好地适用于长度多样和关系类型多样的局部信息建模需求。具体而言，给定表格表示 $\tilde{\boldsymbol{T}}^{(l-1)} \in \mathbb{R}^{l \times l \times m}$，即 $\tilde{\boldsymbol{T}}^{(0)} = \tilde{\boldsymbol{T}}$，第 l 层的 CNN 块通过以下方式产生相同大小的表格表示 $\tilde{\boldsymbol{T}}^{(l)}$：

$$\tilde{\boldsymbol{T}}_{(1)} = \mathrm{ReLU}(\mathrm{LN}(\mathrm{Conv}_{5\times5}(\tilde{\boldsymbol{T}}^{(l-1)}))) \tag{4.4}$$

$$\tilde{\boldsymbol{T}}_{(2)} = \mathrm{ReLU}(\mathrm{LN}(\mathrm{Conv}_{3\times3}(\tilde{\boldsymbol{T}}_{(1)}))) \tag{4.5}$$

$$\tilde{\boldsymbol{T}}_{(3)} = \mathrm{ReLU}(\mathrm{LN}(\mathrm{Conv}_{1\times1}(\tilde{\boldsymbol{T}}_{(2)}))) \tag{4.6}$$

$$\tilde{\boldsymbol{T}}^{(l)} = \tilde{\boldsymbol{T}}_{(3)} + \tilde{\boldsymbol{T}}^{(l-1)} \tag{4.7}$$

式中，$\mathrm{LN}(\cdot)$ 和 $\mathrm{ReLU}(\cdot)$ 分别为层规范化和激活函数；$\mathrm{Conv}(\cdot)$ 为卷积操作。每一个网络块由三层卷积网络和一个 ResNet 层组成，其中，卷积网络的卷积核由大到小设置。设 L 是 ResNet-style-CNNs 网络块的层数，那么，经多层 ResNet-style-CNNs 网络块处理后形成的表格表示记为 $\tilde{\boldsymbol{T}}^{(L)}$。

最后，将全局词关系编码形成的表格表示 $\tilde{\boldsymbol{T}}$ 和多层局部语义编码形成的语义表示 $\tilde{\boldsymbol{T}}^{(L)}$ 相加，形成融合全局和局部关系信息的表格表示 $\bar{\boldsymbol{T}}$，即 $\bar{\boldsymbol{T}}=\tilde{\boldsymbol{T}}+\tilde{\boldsymbol{T}}^{(L)}$。

4.3.3 潜在目标词与论元区域检测

区域检测旨在识别出潜在目标词和潜在论元在表格编码中对应的区域，以进一步进行框架分类和角色分类。由于潜在目标词和论元的最大数量可以达到 $O(n^2)$，它们的组合数量可以达到 $O(n^4)$，因此，为了提高运行效率，在进行框架分类和角色分类之前，有必要首先识别出那些有可能是目标词与论元的区域。换句话说，区域检测也可以被视为对不太可能是目标词和论元的区域进行剪枝的过程，这一过程有助于提高运行效率。因此，区域检测的目标不是精确地识别出目标词和论元，而是尽可能地把所有可能的目标词区域和论元区域识别出来，目标词和论元的精确识别交由框架分类和角色分类模块完成，目的是尽可能地减少先识别论元和目标词再进行分类的两阶段操作所造成的错误传播问题，同时兼顾模型的运行效率。

经编码器编码后形成的表格表示 $\bar{\boldsymbol{T}}$ 是一个 $l\times l\times d$ 形状的三维表格，表格的第一维和第二维维度相等，都为句子中单词的个数，第三维可以视为描述对应单词语义关系的特征向量。在区域检测时，一个区域指由第一维和第二维中某些词的组合确定的连续区域。一个区域可以通过由第一维和第二维确定的二维表格中左上角和右下角单元格的得分来确定，左上角和右下角单元格分别用 LC 和 RC 表示。使用两个独立的函数为表格中的每个单元格打分，函数的输入为单元格对应的特征向量，得到的两个分数分别表示该单元格作为区域左上角单元格 LC 的得分和作为右下角单元格 RC 的得分。为了得到可能的目标词和论元区域，将打分满足特定域值的 LC 和 RC 单元保留下来，并将这些单元格的组合构成可能的目标词和论元区域。如图 4.1 所示，表格中单元格（2，3）和（5，4）是论元“the orders”对应区域的 LC 和 RC 单元格。

目标词通常是句子中由连续词或不连续词组成的单词或短语，而论元通常是由句子中连续的单词组成的单词、短语或从句。此外，潜在的目标词区域和论元区域往往表示不同的语义关系。因此，为了捕捉潜在目标词和论元区域的不同特征，可采用两组不同的打分函数分别获取潜在目标词和潜在论元区域的 LC 和 RC 单元格。

（1）潜在目标词区域检测

对于表格表示 $\bar{\boldsymbol{T}}$ 中的每个单元格 c_{ij}，分别使用以下两个函数计算每一个单元格作为 LC 和 RC 的得分：

$$\mathrm{st}_{ij}^{\mathrm{LC}} = \mathrm{Linear}(c_{ij}) \tag{4.8}$$

$$\mathrm{st}_{ij}^{\mathrm{RC}} = \mathrm{Linear}(c_{ij}) \tag{4.9}$$

式中，$\mathrm{Linear}(\cdot)$ 为单层线性网络，其功能是将单元格（i, j）对应的特征向量映射为一个标量值，也就是该单元格相应的分值。在得到每一个单元格的 LC 和 RC 得分后，再进一步使用 $\mathrm{sigmoid}(\cdot)$ 将得分规范化到（0,1）之间，然后使用阈值 $\mathrm{threshold}_{\mathrm{t}}$ 过滤掉不满足要求的单元格，最后将保留下来的 LC 和 RC 单元格两两组合成区域。具体而言，给定两个单元格 $\mathrm{cell}(a,b)$ 和 $\mathrm{cell}(c,d)$，如果 $\mathrm{sigmoid}(\mathrm{st}_{ab}^{\mathrm{LC}}) \geqslant \mathrm{threshold}_{\mathrm{t}}$ 和 $\mathrm{sigmoid}(\mathrm{st}_{cd}^{\mathrm{RC}}) \geqslant \mathrm{threshold}_{\mathrm{t}}$ 成立，并且 $\mathrm{cell}(a,b)$ 位于 $\mathrm{cell}(c,d)$ 的上方或左侧（即 $a \leqslant c$ 和 $b \leqslant d$），则区域（$\mathrm{cell}(a,b)$，$\mathrm{cell}(c,d)$）为一个潜在的目标词区域，简记为 $r(a,b,c,d) \in G_{\mathrm{t}}$，其中，$G_{\mathrm{t}}$ 是所有潜在目标词区域的集合。

对于连续的目标词，其对应的区域位于表格的主对角线上；对于非连续的目标词，其对应的区域不在主对角线上。如图 4.1 所示，目标词“reach”为连续目标词，其在表格中对应的区域为 $r(11,11,11,11)$；目标词“hand…in”为非连续目标词，其在表格中对应的区域为 $r(2,5,2,5)$。

（2）潜在论元区域检测

对于论元区域检测，可采用与目标词区域检测类似的方法。LC 和 RC 的得分函数表示为：

$$\mathrm{sa}_{ij}^{\mathrm{LC}} = \mathrm{Linear}(c_{ij}) \tag{4.10}$$

$$\mathrm{sa}_{ij}^{\mathrm{RC}} = \mathrm{Linear}(c_{ij}) \tag{4.11}$$

对于阈值的选择，考虑到目标词和论元之间的依赖关系，根据潜在目标词区域预测的两种情况设置不同的阈值：

$$\mathrm{threshold}_{\mathrm{a}} = \begin{cases} \mathrm{thr}_{\mathrm{a}}, & 0 < \mathrm{ct} < 1 \\ \mathrm{thr}_{\mathrm{b}}, & \text{其他} \end{cases} \tag{4.12}$$

式中，ct表示预测出的目标词数量与句子长度之比，目标词的数量不应该超过句子中词的个数，所以在模型训练过程中，当其达到了一个比较稳定的状态时，这一比值应该满足 $0<\mathrm{ct}<1$。在模型训练初期，模型尚未达到稳定状态，比值ct一般不在（0,1）范围之内。此外，潜在论元的数量与潜在目标词的数量是相关的，所以应根据预测出的潜在目标词的数量分布情况动态地确定潜在论元识别的阈值，即在不同情况下采用不同的阈值 $\mathrm{thr_a}$ 和 $\mathrm{thr_b}$，且要 $\mathrm{thr_a}<\mathrm{thr_b}$。当ct满足 $0<\mathrm{ct}<1$ 时，设置一个较小的阈值 $\mathrm{thr_a}$，目的是能够尽可能多地识别出该目标词对应的潜在论元；当ct不满足 $0<\mathrm{ct}<1$ 时，此时设置一个较大的阈值，目的是限制潜在论元的数量，因为此时预测出的潜在论元数量较大，过多的潜在论元会消耗过多的计算资源，也会导致过多的无用计算。使用两个不同的阈值不仅有助于建模目标词和论元之间的数量关系，还通过修剪得分低于阈值的区域来提高运行效率。

最后，将识别出的LC和RC单元格组合成潜在论元区域，组合的方法与潜在目标词区域的组合方法相同，得到的所有潜在论元区域集合表示为 G_a。

4.3.4 面向区域的框架与角色分类

在基于表格的表示中，表格中的一个区域对应着词或跨度之间的一种语义关系表示，如词与词之间的句法依赖关系、论元与目标词的语义依赖关系等。因此，EFSP-TE使用潜在目标词和论元区域表示作为特征分别构建框架分类和角色分类模块。

（1）框架分类

框架分类旨在预测潜在目标词能够激起的框架。具体而言，给定一个潜在目标词区域 $r(a,b,c,d)$，首先从区域中提取分类特征，特征由以下三部分拼接组成：

$$\boldsymbol{f}_{r(a,b,c,d)}=[\boldsymbol{c}_{ab};\boldsymbol{c}_{cd};\mathrm{Mp}(r(a,b,c,d))] \tag{4.13}$$

式中，$\boldsymbol{c}_{ab}$ 和 $\boldsymbol{c}_{cd}$ 是该区域的左上角单元格LC和右下角单元格RC在表格中对应的向量表示；$\mathrm{Mp}(\cdot)$ 表示最大池化操作，即通过最大池化（Maxpooling）操作在区域提取特征；“;”表示向量拼接操作。接下来，将特征向量送入使用 $\mathrm{ReLU}(\cdot)$ 作为激活函数的两层前馈神经网络（FFN）构成的分类器中。分类器表示为：

$$p_\mathrm{f}(\boldsymbol{f}_{r(a,b,c,d)})=\mathrm{FFN}(\boldsymbol{f}_{r(a,b,c,d)}) \tag{4.14}$$

第 2 章和第 3 章的方法表明，在预测框架时使用（词元，框架）的映射进行框架过滤有助于提高框架分类的性能，因此，EFSP-TE 在预测框架时也使用框架过滤策略。该策略共分为两步，第一步确定潜在目标词可能激起的框架集合，第二步利用该框架集合进行框架过滤。

确定潜在目标词可能激起的框架集合的方法如下：先获取到目标词区域 $r(a,b,c,d)$ 对应的潜在目标词，然后使用 NLTK 工具对潜在目标词进行词形还原和词性标注，从而得到相应的词元，最后根据（词元，框架）的映射关系确定该潜在目标词可以激起的框架集合 fl_{abcd}。例如，如图 4.1 所示，区域 $r(11,11,11,11)$ 对应的词为 reach，使用 NLTK Lemmatization 和 POS 标记工具可以获得其对应的词元 reach.v，在 FrameNet 框架语义知识库中检索到该词元能够激起五个框架，即 Path-shape，Arriving，Contacting，Change_positionon_a_scale 和 Body_movement。

框架过滤的方法如下：首先将词元与框架集合的映射关系转换成掩码向量 $\boldsymbol{v}_f \in \{0,-\infty\}^{1\times|\tilde{F}|}$，其中，$|\tilde{F}|$ 是 $\tilde{F}$ 的元素数量。向量中第一个元素定义为 $\boldsymbol{v}_{\mathrm{f}}[0]=0$，表示 Null 是任何词元都可能激起的框架。对于 $\boldsymbol{v}_{\mathrm{f}}$ 中的第 i 个（i≥1）元素，其值定义为：

$$\boldsymbol{v}_{\mathrm{f}}[i]=\begin{cases}0 & ,\tilde{F}[i]\in \mathrm{fl}_{abcd}\\ -\infty & ,\text{其他}\end{cases} \tag{4.15}$$

最后，使用掩码向量在框架预测时进行框架过滤，预测函数的形式化表示如下：

$$\hat{f}=\operatorname{argmax}_{f\in\tilde{F}}(\operatorname{softmax}(p_{\mathrm{f}}(\boldsymbol{f}_{r(a,b,c,d)})+\boldsymbol{v}_{\mathrm{f}})) \tag{4.16}$$

（2）角色分类

角色分类旨在预测潜在论元在当前框架中充当的框架语义角色。由于框架语义角色是特定于框架的（即除部分角色外，每一个框架包含一组与其他框架不同的框架特有角色），或者说角色依赖于框架，因此，EFSP-TE 将框架分类模块预测出的框架进行嵌入表示后作为角色分类的一类特征输入角色分类器中，目的是将预测出的框架嵌入表示作为一种“软约束”，从而指导模型将论元的角色预测为当前框架下的角色，这有助于提高角色预测的性能。具体而言，给定一个潜在论元区域 $r(a,b,c,d)$，角色分类的特征可以表示为：

$$\boldsymbol{f}_{r(a,b,c,d)}=[\boldsymbol{c}_{ab};\boldsymbol{c}_{cd};\mathrm{Mp}(r(a,b,c,d));E(\hat{f})] \tag{4.17}$$

式中，$\boldsymbol{c}_{ab}$ 和 $\boldsymbol{c}_{cd}$ 是该区域的左上角单元格 LC 和右下角单元格 RC 在表格中对应的向量表示；$\mathrm{Mp}(\cdot)$ 表示 Maxpooling 操作，用于提取区域特征；$E(\cdot)$ 为嵌入函数，用于将框架映射为分布式向量表示。最后，使用一个单层的 FFN 作为角色分类器，预测所有潜在论元区域在当前框架下充当的语义角色。分类器表示为：

$$p_{\mathrm{r}}(\boldsymbol{f}_{r(a,b,c,d)}) = \mathrm{FFN}(\boldsymbol{f}_{r(a,b,c,d)}) \tag{4.18}$$

虽然通过引入框架的嵌入表示能够对角色的类型产生影响，但不能够完全保证框架与角色的语义一致。语义一致是指预测出的角色属于当前框架，反之称为语义不一致。为此，在预测论元的角色时进一步使用（框架，角色）的映射关系对角色预测施加“硬约束”，严格限制角色必须属于当前框架，从而保证预测结构的语义一致性。首先，根据框架语义知识库中（框架，角色）的映射关系，抽取出当前框架$\hat{f}$的所有角色$R_{\hat{f}}$，例如，在FrameNet中，框架“Giving”包含15个框架语义角色。其次，构造一个掩码向量$\boldsymbol{v}_{\mathrm{r}} \in \{0,-\infty\}^{1\times(|\tilde{R}|)}$，并且定义$\boldsymbol{v}_{\mathrm{r}}[0]=0$，表示Null是框架的一个特殊角色（或者说角色预测为Null的论元不是合法的论元）。对于$\boldsymbol{v}_{\mathrm{r}}$中的第$i$个（$i \geqslant 1$）元素，其值定义为：

$$\boldsymbol{v}_{\mathrm{r}}[i] = \begin{cases} 0 \quad , & \tilde{R}[i] \in R_{\hat{f}} \\ -\infty , & \text{其他} \end{cases} \tag{4.19}$$

最后，将掩码向量应用到预测函数中，函数的形式化表示如下：

$$\hat{r} = \mathrm{argmax}_{r \in \tilde{R}_{\hat{f}}} (\mathrm{softmax}(p_{\mathrm{r}}(\boldsymbol{f}_{r(a,b,c,d)}) + \boldsymbol{v}_{\mathrm{r}})) \tag{4.20}$$

4.3.5 模型联合训练

在训练过程中，对潜在区域检测和分类模块进行联合训练。对于区域检测，利用二分类交叉熵损失函数，给定真实标签$\mathrm{yt}_{ij}^{\mathrm{LC}}, \mathrm{yt}_{ij}^{\mathrm{RC}}, \mathrm{ya}_{ij}^{\mathrm{LC}}, \mathrm{ya}_{ij}^{\mathrm{RC}} \in \{0,1\}$，区域检测的损失$L_{\mathrm{d}}$由两部分组成——潜在目标词区域损失$L_{\mathrm{t}}$和潜在论元区域损失$L_{\mathrm{a}}$，区域检测损失可以表示为：

$$L_{\mathrm{d}} = L_{\mathrm{t}} + L_{\mathrm{a}} \tag{4.21}$$

$$L_{\mathrm{t}} = \mathrm{CE}(\mathrm{yt}_{ij}^{\mathrm{LC}}, \mathrm{st}_{ij}^{\mathrm{LC}}) + \mathrm{CE}(\mathrm{yt}_{ij}^{\mathrm{RC}}, \mathrm{st}_{ij}^{\mathrm{RC}}) \tag{4.22}$$

$$L_{\mathrm{a}} = \mathrm{CE}(\mathrm{ya}_{ij}^{\mathrm{LC}}, \mathrm{sa}_{ij}^{\mathrm{LC}}) + \mathrm{CE}(\mathrm{ya}_{ij}^{\mathrm{RC}}, \mathrm{sa}_{ij}^{\mathrm{RC}}) \tag{4.23}$$

式中，$\mathrm{CE}(\cdot)$为二分类交叉熵损失函数。分类损失由框架分类损失和角色分类损失两部分组成，损失函数采用多分类交叉熵损失。给定真实标签$y_{r(a,b,c,d)} \in \tilde{F}$和$z_{r(a,b,c,d)} \in \tilde{R}$，分类损失可以表示为：

$$L_{\mathrm{c}} = L_{\mathrm{f}} + L_{\mathrm{r}} \tag{4.24}$$

$$L_{\mathrm{f}} = -\sum_{r(a,b,c,d)\in G_{\mathrm{t}}} y_{r(a,b,c,d)} \log(p_{\mathrm{f}}(\boldsymbol{f}_{r(a,b,c,d)})) \tag{4.25}$$

$$L_{\mathrm{r}} = -\sum_{r(a,b,c,d)\in G_{\mathrm{a}}} z_{r(a,b,c,d)} \log(p_{\mathrm{r}}(\boldsymbol{f}_{r(a,b,c,d)})) \tag{4.26}$$

最后，将区域检测损失和分类损失相加，得到联合训练的总损失表示为：

$$L = L_{\mathrm{d}} + L_{\mathrm{c}} \tag{4.27}$$

4.4 实验与结果分析

4.4.1 实验环境设置

本节主要介绍使用的数据集、参数设置和基线模型等实验设置情况。

（1）实验数据集

实验使用公开发布的框架语义分析标准数据集 FN1.5 和 FN1.7，训练集、开发集、测试集的划分方式，以及数据统计情况见第 1 章。

（2）实验参数设置

EFSP-TE 选择 Bert-base-uncased 作为上下文编码器的基座，且在训练过程中微调了模型参数。模型采用 PyTorch 计算框架实现，在 GPU A100 进行训练。根据模型在开发集数据上的最优 F1 指标调整和选择最优超参数，详细的参数设置如表 4.2 所示。

表4.2　模型参数设置表

参数	值
双仿射网络（Biaffine）的输入维度 d	768
双仿射网络（Biaffine）的输出维度 m	64
ResNet-style-CNNs 网络块的层数 L	2
框架嵌入表示的维度	768
目标词区域检测的域值 $\mathrm{threshold}_{\mathrm{t}}$	0.5
论元目标区域检测的域值 $\mathrm{thr}_{\mathrm{a}}/\mathrm{thr}_{\mathrm{b}}$	0.4/0.9
训练轮数（Train epochs）（FN1.5/FN1.7）	30/40
批次大小（Batch size）	1
学习率（Learning rate）	3e-5
优化器（Optimizer）	AdamW
预热比例（Warmup proportion）	0.1

（3）实验基线模型

虽然当前有关端到端框架语义分析的研究较少，但为了充分验证本章所提方法的有效性，实验选择和构建了多个模型作为基线模型。基线模型包括三类：第一类是端到端 FSP 模型；第二类是基于表格表示的 FSP 模型，该类模型适配其他任务；第三类是 EFSP-TE 模型及其变种模型。

FParser 是目前公开发布的唯一一个端到端 FSP 模型，该模型将框架语义分析建模为图构建过程，且将目标词和论元视为图的结点，框架视为目标词结点的类型，角色视为目标词结点和论元结点上的边。FSP 的过程分为结点识别、结点分类和边分类等过程，最终形成反映框架语义结构的图。FParser（pipeline）是 FParser 的流水线版本，即将端到端模型分解为目标词识别、框架识别和框架语义角色标注三个独立的模型，三个模型按顺序依次执行来完成框架语义分析任务。

EFSP-TE 是首个基于表格编码器的端到端 FSP 模型，为了验证模型中使用的表格编码方法的有效性，实验选择了两个代表性的基于表格编码器的模型，并将它们适配到框架语义分析任务中，以便对比分析表格编码方法对性能的影响。适配的具体方法是：使用代表性模型中的表格编码器替换 EFSP-TE 模型中的表格编码器，其他模块保持不变。OneRel 是一个基于表格填充方法的联合实体和关系抽取（ERE）的 SOTA 模型，该模型首先将每对词的表示进行拼接，然后输入一个线性网络，经非线性激活函数后，将表示投影到低维空间中，换句话说，OneRel 采用线性网络构建表格编码器。BDTF 是用于情感三元组联合抽取任务（ASTE）的 SOTA 模型，该模型引入一个高维张量，在张量空间中计算任意两个词表示的相似度，从而形成表格表示。EFSP-TE（OneRel）和 EFSP-TE（BDTF）是实验构建的两个 EFSP-TE 的变种模型，这两个模型的表格编码器分别采用 OneRel 和 BDTF 模型的表格编码方法。

为了深入分析 EFSP-TE 的特点，实验还设计了另外两个基于 EFSP-TE 的变种模型：EFSP-TE（pipeline）和 EFSP-TE（single）。EFSP-TE（pipeline）是 EFSP-TE 模型的流水线版本，即将完整的 EFSP-TE 分解为两个独立的模型来实现流水线式的框架语义分析，其中一个模型实现潜在目标词识别和框架分类，另一个模型实现潜在论元识别和角色分类。EFSP-TE（pipeline）被用作基线模型来测试端到端模型是否优于流水线模型。EFSP-TE（single）是模型使用一个共享的区域检测模块同时识别潜在目标词和论元区域，就像 FParser 一样使用一个分类器同时识别目标词和论元。EFSP-TE（single）用于验证模型是否需要使用两个独立的区域检测模块分别检测潜在目标词区域和潜在论元区域。

4.4.2 对比实验结果

参照 FParser 的实验结果展示形式，实验结果同时展示目标词识别、框架分类和框架语义角色标注的性能（包括准确率 P、召回率 R 和 F1 值），以便于进行公平比较。如表 4.3 所示，与 SOTA 的端到端 FSP 模型 FParser 相比，EFSP-TE 在两个数据集上目标词识别的 F1 值平均提升了（1.7%+1.38%）/2=1.54%，在框架分类上平均提升了（1.43%+1.06%）/2=1.25%，在框架语义角色标注上平均提升了（3.64%+4.39%）/2=4.0%。EFSP-TE 模型在框架语义分析的三个子任务上都取得了较大的性能提升，其原因可以归结为以下三个方面。

表4.3 框架语义分析结果性能对比

单位：%

数据	模型	TI			FI			FSRL		
		P	R	F1	P	R	F1	P	R	F1
FN1.5	FParser (pipeline)	73.17	75.47	74.30	66.08	68.15	67.06	45.91	46.70	46.30
	FParser	75.81	76.17	75.99	68.72	69.05	68.89	47.79	50.60	49.16
	EFSP-TE (OneRel)	69.38	75.54	*72.33*	62.63	68.18	*65.29*	50.04	36.75	*42.38*
	EFSP-TE (BDTF)	73.59	76.21	74.88	64.75	67.05	65.88	50.63	51.34	50.98
	EFSP-TE (pipeline)	75.95	77.55	76.74	69.05	70.48	69.76	52.03	51.36	51.69
	EFSP-TE (single)	75.68	77.34	76.50	69.09	70.59	69.83	54.13	50.48	52.24
	EFSP-TE (final)	**75.38**	**80.14**	**77.69**	**68.24**	**72.54**	**70.32**	**54.49**	**51.22**	**52.80**
FN1.7	FParser (pipeline)	78.62	69.92	74.02	71.05	63.06	66.82	49.32	45.6	47.38
	FParser	76.16	74.98	75.56	69.39	68.30	68.84	49.09	48.81	48.95
	EFSP-TE (OneRel)	74.83	74.88	*74.86*	67.27	67.31	*67.29*	51.3	43.85	*47.29*
	EFSP-TE (BDTF)	75.30	75.39	75.35	65.91	65.98	65.95	53.02	48.41	50.61
	EFSP-TE (pipeline)	77.22	76.52	76.87	69.73	69.01	69.41	56.64	48.01	51.54
	EFSP-TE (single)	77.42	74.94	76.16	70.05	67.79	68.90	56.28	50.02	52.97
	EFSP-TE (final)	**76.29**	**77.60**	**76.94**	**69.32**	**70.49**	**69.90**	**56.69**	**50.36**	**53.34**

首先，EFSP-TE 通过 Biaffine 网络和多层 ResNet-style-CNNs 网络能够捕捉细粒度的词级和跨度级语义关系信息，克服了 FParser 无法有效建模目标词和论元之间语义依赖关系的缺点。具体而言，FParser 使用基于边界的方法表示目标词和论元跨度，即将两个边界词的表示拼接后形成目标词或论元的表示，没有显式地建模跨度内单词之间细粒度的语义关系信息，以及跨度之间局部的关系信息。而 EFSP-TE 能够比较有效地捕捉到目标词与论元之间的语义依赖关系，从而提升论元识别和角色分类的整体性能。如表 4.3 所示，与 FParser 相比，框架语义角色标注的 F1 指标在两个数据集上分别提高到了 52.80% 和 53.34%。关于 Biaffine 网络和多层 ResNet-style-CNNs 网络如何影响模型的性能将会在下一小节进行详细讨论。

其次，EFSP-TE 克服了 FParser 的跨度缺失问题。FParser 采用了基于图的方法进行端到端的 FSP，该模型将目标词识别和论元识别视为结点生成过程，即使用分类模块将可能的跨度分类为三种类型的结点，即目标词结点、论元结点与 Null 结点。换句话说，FParser 忽略了目标词和论元的重叠问题，造成了跨度缺失的问题，因为每个跨度只能被分类为三种结点之一。例如，在句子“He teaches at the business school University of California”中，词“school”既是触发框架“Locale_by_use”的目标词，同时也是角色 Locale 对应的论元。EFSP-TE 模型采用了两个独立模块来检测潜在的目标词和论元，然后再通过框架分类和角色分类两个模块分别预测框架和角色，可以有效地克服 FParser 跨度缺失的问题。如表 4.3 所示，与 FParser 相比，目标词识别和角色分类召回率的显著提升，在一定程度上说明了 EFSP-TE 能够识别出更多的目标词与论元。

最后，EFSP-TE 将 FrameNet 框架语义知识库中词元与框架的对应信息通过突显性向量的形式融入上下文编码器中，增强了模型对目标词的识别能力。如表 4.3 所示，与 FParser 相比，EFSP-TE 模型目标词识别的性能显著提升，特别是召回率，在两个数据集上分别提高了 3.97%（从 76.17% 提高到 80.14%）和 2.62%（从 74.98% 提高到 77.60%）。

如表 4.3 所示，与基于表格编码器的 EFSP-TE（OneRel）和 EFSP-TE（BDTF）模型相比，EFSP-TE 在目标词识别、框架分类和框架语义角色标注三个方面的性能指标都高于对比模型。其中，EFSP-TE（OneRel）的综合性能最差，主要原因是该模型在构建表格编码器时，表格中每一个单元格对应的向量是由对应位置的两个单词的表示拼接后再经过一个线性网络而形成的，整体表示能力较弱，无法捕捉到框架语义中多样的关系信息。EFSP-TE（BDTF）使用高阶张量计算任意两个词的相似性，以此构建表格，这种表格编码方法的建模能力要强于线性网络，所以取得了比 EFSP-TE（OneRel）更好的性能。由此可见，构建适用于任务特点的表格编码器是基于表格编码方法构建模型的关键，虽然上述两个模型分别在 ERE 和 ASTE 任务上取得了优异的性能，但并不适用于端到端模型语义分析任务。可能的原因有：ERE 中的实体、ASTE 中的术语和情感词通常都是词或短语，平均长度较短，而框架语义分析中的论元可能是词、短语、从句或分句，平均长度更长。ERE 和 ASTE 任务中涉及的关系类型比较少，而框架语义分析中涉及的角色类型多达一千多种，这就要求模型具有强大的关系建模能力。EFSP-TE 使用 Biaffine 网络和多层 ResNet-style-CNNs 网络构建表格表示，一方面，Biaffine 网络可以隐式地捕捉词级依赖关系，因为它在依存关系分析中被成功使用，其对词级关系的建模能力比 OneRel 和 BDTF 采用的方法更强；另一方面采用多层 ResNet-style-CNNs 网络能够捕捉不同长度、不同层次的局部语义信息，有利于捕捉到适用于框架语义任务特点的特征，如局部性分布、论元长度多样和角色类型多样，从而帮助模型提高整体性能。

表 4.3 还显示，EFSP-TE（single）的性能落后于 EFSP-TE，这表明采用两个独立的模块分别识别潜在目标词区域和潜在论元区域是必要的。虽然目标词和论元都是句子中的跨度，但它们具有不同的特点，目标词虽然有可能是连续或非连续的短语，但大多数情况下是一个词；而论元的形式和长度多样，可能是词、短语、从句或分句。实验结果还显示，EFSP-TE 的性能要优于其流水线版本的 EFSP-TE（pipeline）模型，这表明端到端的 FSP 方法在一定程度上优于其对应的流水线模型，这一结论与 FParser 相似。此外，EFSP-TE（pipeline）模型的性能明显优于 FParser 版本的流水线模型，这进一步证明了本章所提方法的有效性。

4.4.3 消融实验结果

为了测试模型的每一个组成部分对模型性能的影响，有必要在两个数据集上进行详细的消融实验，实验结果如表 4.4 所示。结果显示 EFSP-TE 模型中每一个组成模块对于提升端到端 FSP 的性能都具有积极作用。

（1）单词显著性嵌入对性能的影响

如果未将显著性嵌入向量（w/o saliency embedding）融入上下文编码器中，EFSP-TE 在两个数据集上的性能有显著下降，其中，目标词识别的性能下降幅度最大，因为在两个数据集上，目标词识别的 F1 值分别下降了 1.97% 和 1.27%。这些结果表明了利用 FrameNet 中词元与框架的关联知识对于提升目标词识别性能的有效性，同时也证明了基于显著性嵌入的方法进行知识注入的可行性。

（2）框架过滤对性能的影响

如表4.4所示，框架过滤对框架分类的性能具有重要影响，当不使用框架过滤（w/o frame filtering）时，框架分类的F1指标在两个数据集上分别下降了1.8%和1.34%。值得注意的是，框架过滤对目标词识别有一定的负面影响，因为当EFSP-TE不进行框架过滤时，目标词识别的F1值在两个数据集上分别达到78.02%和78.26%。主要原因有两个：一是FrameNet知识库存在不完备问题，即有些词元并未收录到库里，或者未与其所能激起的框架进行关联；二是由于词形还原和词性标注工具还存在误识别的情况，导致目标词未能匹配到正确的词元。由于框架过滤对框架分类具有积极的作用，框架分类性能的提升也会促进框架语义角色标注性能的提升，因此，当不进行框架过滤时，框架语义角色标注的F1指标在两个数据集上分别从52.80%下降到52.41%和从53.34%下降到52.81%。总体而言，尽管框架过滤对目标词识别有一定的负面影响，但它有助于提高FSP的整体性能。

表4.4　消融分析实验结果　　单位：%

数据	模型	TI			FI			FSRL		
		P	*R*	F1	*P*	*R*	F1	*P*	*R*	F1
FN1.5	**EFSP-TE**	75.38	80.14	77.69	68.24	72.54	70.32	54.49	51.22	52.8
	w/o saliency embedding	74.06	77.46	*75.72*	67.37	70.44	68.87	51.86	51.16	51.51
	w/o frame filtering	74.69	81.66	78.02	65.6	71.7	*68.52*	53.14	51.71	52.41
	w/o Biaffine network	73.95	78.47	76.14	66.58	70.64	*68.55*	50.44	49.87	*50.15*
	w/o ResNet-style-CNNs	73.27	78.56	*75.82*	66.48	71.27	68.8	51.43	48.85	*50.11*
	w/o joint inference	74.71	78.61	76.61	67.54	71.05	69.25	52.22	50.76	51.48
	w/o soft constraints	74.95	79.06	76.95	68	72.14	70	53.33	51.18	52.23
	w/o hard constraints	75.3	80.1	77.62	68.24	71.75	69.84	53.33	50.95	52.11
FN1.7	**EFSP-TE**	76.29	77.6	76.94	69.32	70.49	69.9	56.69	50.36	53.34
	w/o saliency embedding	74.62	76.76	*75.67*	67.83	69.76	*68.78*	55.71	49.84	52.61
	w/o frame filtering	78	78.52	78.26	68.33	68.78	*68.56*	56.88	49.28	52.81
	w/o Biaffine network	75.94	77.03	76.48	68.67	69.39	69.03	54.16	46.66	*50.13*
	w/o ResNet-style-CNNs	75.98	76.26	*76.12*	68.87	69.11	68.99	55.1	48.66	51.68
	w/o joint inference	76.95	75.66	76.3	69.79	68.6	69.19	56.12	47.11	*51.22*
	w/o soft constraints	76.86	76.85	76.86	69.72	69.7	69.72	55.94	49.8	52.69
	w/o hard constraints	76.11	77.4	76.75	69.22	70.29	69.75	55.07	50.22	52.54

（3）Biaffine 网络对性能的影响

在 EFSP-TE 中，Biaffine 网络是构建表格编码器的基础组件，不能够完全移除。在消融实验中，我们用一个单层线性网络替换 Biaffine 网络，以测试 Biaffine 网络对性能的影响。结果显示，与完整的 EFSP-TE 相比，所有指标都有一定程度的下降。在两个数据集上，框架语义角色标注的 F1 值分别下降了 2.65%（从 52.80% 下降到 50.15%）和 3.21%（从 53.34% 下降到 50.13%），目标词识别和框架分类的 F1 值下降幅度较小。总体而言，使用 Biaffine 网络构建表格编码器比使用线性网络更具优势，这主要得益于 Biaffine 网络具有较强的捕捉单词之间依赖关系的能力，为获取更好的目标词和论元表示提供了丰富的语义信息。

（4）多层 ResNet-style-CNNs 网络块对性能的影响

如表 4.4 所示，当移除多层 ResNet-style-CNNs（w/o ResNet-style-CNNs）时，EFSP-TE 的性能显著下降，在两个数据集上，框架语义角色标注的 F1 值分别下降了 2.69%（从 52.80% 下降到 50.11%）和 1.66%（从 53.34% 下降到 51.68%），而目标词识别和框架识别的 F1 值平均下降了 1.35% 和 1.22%。结果显示，使用多层 ResNet-style-CNNs 对所有子任务的所有指标都有重要影响，这表明表格编码器中进一步捕捉多层次的局部信息对提高模型性能是有益的，同时也证明了使用多层 ResNet-style-CNNs 网络进行局部特征表示的有效性。

（5）联合推理策略对性能的影响

在 EFSP-TE 中，角色分类模块将框架分类模块预测出的框架对应的嵌入表示作为其输入的组成部分，以实现角色对框架依赖的显式建模，这种策略被视为对角色分类施加了“软约束”。同时，在预测角色时，把使用框架语义知识库中（框架，角色）的关联关系进行角色过滤称为“硬约束”。联合推理指同时使用上述两种约束的策略。当不使用联合推理（w/o joint inference）策略时，EFSP-TE 将退化为一个多任务模型（框架分类和角色分类两个任务），两个任务共享表格编码器，在这种情况下，框架语义角色标注的 F1 指标在两个数据集上的性能都显著下降，在 FN1.5 上由 52.80% 下降到 51.48%，在 FN1.7 上由 53.34% 下降到 51.22%。由此可见，联合推理策略对于提升框架语义角色标注的性能具有重要的作用，因为联合推理充分利用了角色对框架的依赖信息，保证了预测结果的语义一致性。经过对联合推理策略的进一步分析发现，单独使用“硬约束”或“软约束”中的任一策略都有利于提高模型的性能，如表 4.4 中最后两行（w/o soft constraints 和 w/o hard constraints）所示，去除两个模块中的任一模块，模型的角色分类性能都显著下降，充分说明使用两种策略中的任一种都是有效的。

总之，显著性嵌入向量对目标词识别的性能具有最重要的影响，框架过滤对框架分类的性能具有最重要的影响。Biaffine 网络和 ResNet 风格的 CNN 是表格编码器的两个核心模块，它们对所有子任务的性能都有影响。联合推理对角色分类的性能具有重要影响。消融实验表明 EFSP-TE 模型的每个组成部分对于提升模型的性能都是有效的，进一步验证了本章所介绍的基于区域检测的端到端框架语义分析方法的可行性和有效性。

4.4.4 超参数与效率分析

EFSP-TE 模型中的 Biaffine 网络的输出维度、ResNet 风格的 CNN 块的层数，以及区域检测中使用的阈值等参数对框架性能具有重要影响，本节主要讨论这些参数的选择问题。

（1）Biaffine 网络的输出维度

Biaffine 网络的输出维度是一个重要的超参数，它对 EFSP-TE 的性能有显著影响。如图 4.3 所示，当将输出维度设置为 64 时，在 FN1.5 和 FN1.7 开发集上，无论是框架分类还是角色分类都在 F1 指标上取得了最佳性能，而随着维度增加，F1 指标逐渐下降。因此，Biaffine 网络的输出维度 m 被设置为 64，如表 4.2 所示。

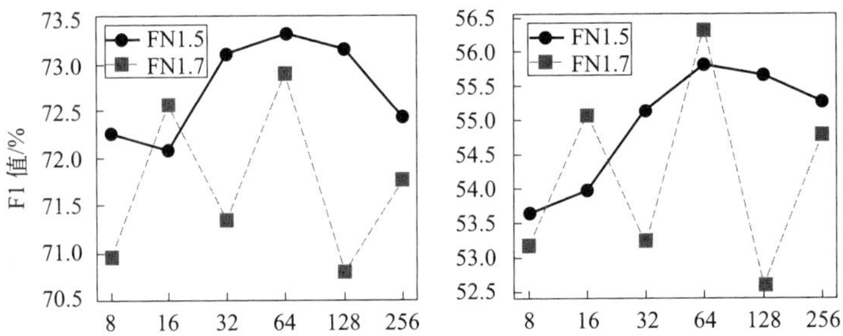

图 4.3　框架分类和角色分类 F1 值随 Biaffine 网络输出维度的变化趋势

（2）ResNet-style-CNNs 块的层数

ResNet 风格的 CNN 块的层数是一个重要的超参数。如图 4.4 所示，当将层数设置为 2 时，在两个开发集上，无论是框架分类还是角色分类都在 F1 指标上取得了最佳性能，而随着层数增加，F1 值逐渐下降。因此，ResNet-style-CNNs 块的层数 L 被设置为 2，如表 4.2 所示。在每个块中，按顺序采用了三个卷积层，卷积核大小依次为 5×5、3×3 和 1×1。实验尝试同时增加层数和卷积核的大小（例如 4 层和 7×7），发现模型的性能变化不大，且计算时间显著增加。可能的原因包括：一是数据集中 85% 的论元长度小于 6，二是过大尺寸的卷积核对特征提取的表示能力有限。因此更多的层数和更大的卷积核对性能的提升作用有限。

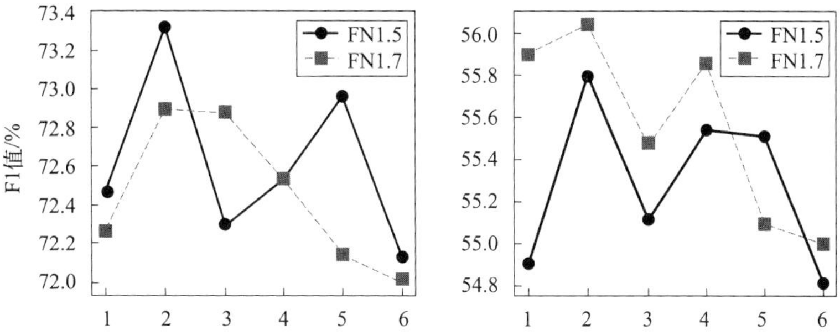

图 4.4　框架分类和角色分类 F1 值随 ResNet-style-CNNs 块层数的变化趋势

（3）区域检测的阈值

对于潜在目标词区域检测的阈值 $threshold_t$，通常被设置为 0.5，因为 sigmoid 函数的值阈为 (0, 1)。实验发现，当阈值小于 0.5 时，目标词检测和框架识别的性能对其不敏感，所以 EFSP-TE 也将阈值设置为 0.5。虽然阈值越小，保留的潜在目标词区域越多，但对提升目标词识别和框架识别的性能帮助不大。因为潜在目标词区域检测模块主要用于预先排除可能性较小的目标区域，最终的性能主要取决于框架分类模块，更多的潜在目标词并不一定能保证在目标词识别和框架识别方面获得更高的性能。

对于潜在论元区域检测的阈值 $threshold_a$，根据预测框架的数量与给定句子长度之比 ct 动态确定。潜在论元的数量通常与框架的数量密切相关，因此，当 ct 在（0，1）之间时，设 $thr_a = 0.4$，而当 $ct > 1$ 时，设 $thr_b = 0.9$。因为 $ct > 1$ 表示识别出了比句子长度还要大的潜在目标词区域，此时较大的阈值可以减少潜在论元区域的数量，节约计算资源。实际上，资源消耗对 thr_b 更敏感，而性能对 thr_a 更敏感。实验结果显示，thr_b 的值接近 1，thr_a 的值接近 0.5 时，能够取得性能和效率的最佳平衡。表 4.2 中显示了 EFST-TE 最终的超参数设置。

（4）计算效率分析

表 4.5 比较了端到端模型 FParser 和 EFSP-TE 的计算效率，计算环境为单张 GPU A100。结果显示，与 FParser 相比，EFSP-TE 每秒能够处理的句子更多。虽然 FParser 和 EFSP-TE 在潜在目标词和论元识别时的计算复杂度都为 $O(n^2)$，但在角色分类阶段，FParser 需要枚举预测出的所有目标词结点和论元配对，而 EFSP-TE 直接预测潜在论元的角色。因此，从计算效率的角度来看，EFSP-TE 具有一定的优势。

表4.5　FParser与EFSP-TE模型的计算效率比较

模型	FN1.5	FN1.7	平均
FParser	17.2 句 /s	18.3 句 /s	17.8 句 /s
EFSP-TE	19.8 句 /s	20.1 句 /s	20.0 句 /s

4.5　样例分析

为了更深入且直观地洞察 EFSP-TE 模型的特点，本小节选取了两组样例进行分析，重点展现词元显著性嵌入对目标词预测的影响，以及模型在框架语义结构预测上的特点。

4.5.1　目标词预测样例分析

通过比较模型 EFSP-TE 和 EFSP-TE（不包含显著性嵌入）在目标词上的预测结果发现，显著性嵌入强化了模型对未见或少见目标词的识别能力，特别是名词和形容词性的目标词。如表 4.6 所示，pred-targets（a）和 pre-targets（b）分别为模型 EFSP-TE 和 EFSP-TE（不包含显著性嵌入）的预测结果，在例句 1 和 2 中，目标词 terminal.n、mechanical.a 和 structure.n 在 FN1.5 训练数据集中分别出现了 0 次、1 次和 2 次，模型 EFSP-TE 能够识别它们，而模型 EFSP-TE（不包含显著性嵌入）无法识别它们。显著性嵌入会使模型倾向于预测框架语义知识中包含的词元，对于未收录到知识库中的词元，其对应目标词的识别能力较弱。在例句 3 中，单词 waterfront 不包含在 FrameNet 中任何框架的词元集合中，模型 EFSP-TE（不包含显著性嵌入）错误地将其预测为目标词，而 EFSP-TE 并未将其预测为目标词。总体而言，通过显著性嵌入将词元知识融入 FSP 模型中对于改善目标词识别是有效的，但仍有改进的空间，还需要在未来的工作中进一步探索。

表4.6　目标词预测样例

项目	样例
1	From **inside** the vast atrium you **can** **view** the **whole** **structure** as well as the **mechanical** workings of the **building** **pred-targets (a)**: inside, can, view, whole, *structure*, *mechanical*, building **pred-targets (b)**: inside, can, view, whole, building
2	If you **leave** the **park** and **walk** up Cotton Tree Drive, you will **find** the Peak **Tram terminal** **pred-targets (a)**: leave, park, walk, find, *terminal* **pred-targets (b)**: leave, park, walk, find

续表

项目	样例
3	The waterfront **<u>here</u>** **<u>offers</u>** unparalleled views of the **<u>harbor</u>** and Hong Kong Island **pred-targets (a)**: harbor, views, island **pred-targets (b)**: harbor, views, island, *waterfront*

注：句子中带下画线且加粗的词为数据集中标注的真实目标词，pred-targets 为模型预测出的目标词。

4.5.2 语义结构预测样例分析

本小节通过三个样例对比分析模型预测的框架语义分析结果与真实结果的差异，以更直观地展示 EFSP-TE 模型的特点。如图 4.5 所示，每个例句下面的三个矩形块分别对应真实结果、EFSP-TE 模型预测的结果、EFSP-TE（未使用 Biaffine 网络和多层 ResNet-style-CNNs）模型的预测结果。与不使用 Biaffine 网络和多层 ResNet-style-CNNs 的模型相比，EFSP-TE 能够识别出更多的框架语义结构。图中每个样例第三个块中标记为“c”的结构虽然与第二个块中的（目标词，框架）对的预测结果一致，但丢失了全部（论元，角色）对，而标记为“d”的结构丢失了部分（论元，角色）对。例如，第一个样例的第三个矩形块中“(rose，Change_position_on_a_scale)”框架下的（论元，角色）信息为空，而第二个矩形块中包含 4 对（论元，角色）信息。样例分析直观地说明了使用 Biaffine 网络和多层 ResNet-style-CNNs 有利于捕捉各种级别的语义关系信息，从而帮助模型提高语义分析的性能。

1. In the nine months,net rose 4.3% to $525.8 million or $4.67 a share,from $504.2 million or $4.41 a share, last year.

(months, **Measure_duration**){
(nine, *Count*),
(months, *Unit*)}
(rose, **Change_position_on_a_scale**){
(in the nine months, *Duration*),
(net, *Earnings*),
(4.3%, *Difference*),
(to $525.8 million or $4.67 a share, *Final_value*),
(from $504.2 million or $4.41 a share, *Initial_value*), ⓐ
(last year,*Time*)} ⓐ
(year, **Calendric_unit**){
(last, *Relative_time*)}
(net, **Earnings_and_losses**){
(net, *Earnings*)}
(last, **Relative_time**){
(year, *Focal_occasion*)}

(months, **Calendric_unit**){
(nine, *Count*),
(months, *Unit*)}
(rose, **Change_position_on_a_scale**){
(in the nine months, *Time*),
(net, *Item*),
(4.3%, *Attribute*),
(to $525.8 million or $4.67 a share, *Final_value*)}
(year, **Calendric_unit**){
(last, *Relative_time*),
(year, *Unit*)}
(last, **Relative_time**){
(year,*Focal_occasion*)}

(months, **Calendric_unit**){
(nine, *Count*),
(months, *Unit*)}
(rose, **Change_position_on_a_scale**){
} ⓒ
(year, **Calendric_unit**){
(last, *Relative_time*),
(year, *Unit*)}
(million, **Cardinal_numbers**){
(million, *Number*)}
(last, **Relative_time**){ ⓒ
}

图 4.5

2. They sat with their profiles towards me on either side of the round table.

(sat, **Posture**){
(They, *Agent*),
(with their profiles towards me, *Depictive*),
(on either side of the round table, *Location*)}
(side, **Part_orientational**){
(either, *Part_Prop*),
(side, *Part*),
(of the round table, *Whole*)}
(On, **Locative_relation**){
(They, *Figure*), ⓐ
(either side of the round table, *Ground*)}
	(sat, **Posture**){
	(They, Agent),
	(with their profiles towards me, *Depictive*),
	(on either side of the round table, *Location*)}
	(side, **Part_orientational**){
	(side, *Part*),
	(of the round table, *Whole*)}
	(On, **Locative_relation**){
	(either side of the round table, *Ground*)}
	(round,**Size**){}
		(sat, **Posture**){ ⓓ
		(on either side of the round table, *Location*)}
		(side, **Part_orientational**){
		(side, *Part*),
		(of the round table, *Whole*)}
		(On, **Locative_relation**){ ⓒ
		}
		(round, **Size**){}

3. However, he allowed the Gulf regimes to depend on the infidels in attacking Saddam Hussein.

(allowed, **Grant_permission**){
(he, *Grantor*),
(the Gulf regimes,*Grantee*), ⓑ
(to depend on the infidels in attacking Saddam Hussein, *Action*)}
(regimes, **Leadership**){
(Gulf, *Governed*)}
(depend, **Reliance**){
(the Gulf regimes, *Protagonist*), ⓑ
(on the infidels, *Intermediary*),
(in attacking Saddam Hussein, *Means*)}
(attacking, **Attack**){
(the Gulf regimes, *Assailant*), ⓑ
(Saddam Hussein, *Victim*)}
	(allowed, **Grant_permission**){
	(he, *Grantor*),
	(to depend on the infidels in attacking Saddam Hussein, *Action*)}
	(depend, **Reliance**){
	(on the infidels, *Instrument*),
	(in attacking Saddam Hussein, *Purpose*)}
	(attacking, **Attack**){
	(Saddam Hussein,*Victim*)}
		(allowed, **Grant_permission**){ⓓ
		(he, *Grantor*)}
		(depend, **Contingency**){
		(in attacking Saddam Hussein, *Circumstances*)}
		(attacking, **Attack**){
		(Saddam Hussein, *Victim*)}

图 4.5 框架语义结构抽取结果样例

然而，与真实的标注结果相比，EFST-TE 在对目标词和论元之间存在的远距离依赖关系以及同一个论元在不同结构中充当不同角色的预测方面仍有改进空间。例如，在例句 1 和 2 的第一个块中，标记为“a”的（论元，角色）对中的论元与目标词相距较远，EFST-TE 模型不能正确地识别它们。在例句 3 中，相同的论元“the Gulf regimes”（标记为“b”）在三个不同的框架语义结构中充当三种不同的角色，EFST-TE 模型也无法识别它们。在未来工作中，还需要进一步解决远距离依赖和角色重叠问题。

4.6 本章小结

本章提出了一种基于表格编码和区域检测的端到端框架语义分析方法，并构建了框架语义分析模型 EFSP-TE，该模型能够通过单次运行一次性地从句子中抽取其中包含的所有框架语义结构信息，同时有效解决了现有的基于图的端到端 FSP 模型 FParser 存在的问题。所提出的基于 Biaffine 网络和多层 ResNet-style-CNNs 网络的表格表示方法，可以充分地建模词与词之间存在的语义依赖关系，并捕捉目标词和论元之间不同层次的语义关系信息，为框架分类和角色分类提供了丰富的语义信息。EFSP-TE 采用两个独立的基于区域检测的模块识别两种类型的跨度——潜在目标词和潜在论元，克服了 FParser 跨度遗漏的问题。此外，EFSP-TE 通过显著性嵌入的方法将词元知识融入上下文编码器中，并利用（词元，框架）映射和（框架，角色）映射知识对框架分类和角色分类进行约束，形成了利用框架语义知识解决框架语义分析问题的系统化方法。在 FN1.5 和 FN1.7 上的实验充分验证了本章方法的可行性和有效性。

第5章 基于标记注意力的框架语义分析方法

端到端框架语义分析方法将框架语义分析的三个子任务，即目标词识别（TI）、框架识别（FI）和框架语义角色标注（FSRL），统一到一个模型中，在一定程度上缓解了错误传播问题，且在整体性能上略优于流水线模型。代表性的端到端框架语义分析模型有 FParser 和 EFSP-TE，FParser 将框架语义分析过程建模为图构建过程，是首个端到端框架语义分析模型，但该模型存在跨度建模不充分、论元丢失和知识利用不充分的问题。EFSP-TE 是一个基于表格编码器的端到端框架语义分析方法，一定程度上解决了 FParser 存在的问题，提高了端到端框架语义分析的性能。但通过对 EFSP-TE 模型错误样例的分析发现，该模型性能虽然整体优于 FParser，但仍存在以下几个方面的不足。

（1）词元知识融合不充分问题

EFSP-TE 模型中使用的基于突显性向量的词元知识融合方法有利于突显哪些词可能是目标词，但不能清晰地突显潜在的目标词为单个词还是短语，不利于充分发挥词元知识对目标词和框架识别的指导作用。图 5.1 为 EFSP-TE 模型中使用的基于突显性向量的词元知识融合编码示例，其中，“think、a、few、of、body、shaking”六个词都可能是目标词，在不考虑上下文语义的情况下，每一个都有可能激起一个框架，因为它们经词形还原（如 shaking 词形还原后为 shake）后对应的词元能够在框架语义知识库 FrameNet 的词元库中找到。为了突显这些词，突显性向量对应的 SE 编码都为 E_1（表示突显性值为 1），但这种编码方式不能清晰地区分要突显的是词还是短语，如该例句中，“think a few of”中每一个词都是潜在目标词，但事实上“a few”也是一个潜在目标词，显然突显性向量无法突显短语类型的潜在目标词。换句话说，当潜在目标词连续出现时，基于突显性向量的方式无法区分潜在目标词的边界，词元知识不能充分发挥作用。

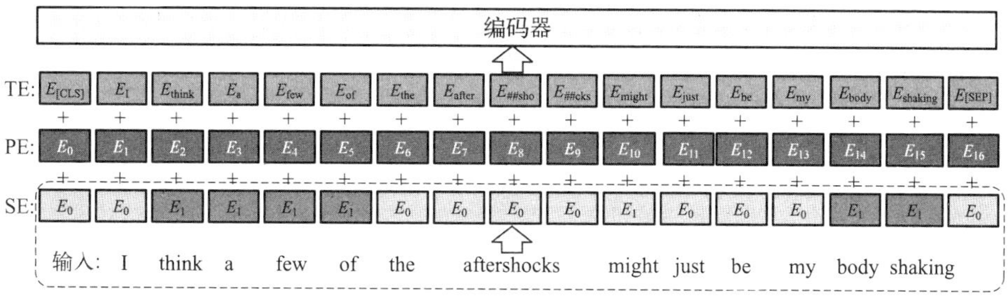

TE: token embeddings (token 编码) PE: position embeddings (位置编码) SE: saliency embeddings (突显性编码)

图 5.1　基于突显性向量的词元知识融合编码示例

（2）跨度信息表示不充分问题

基于边界的跨度表示是当前各类跨度级自然语言处理任务（如命名体识别、事件识别、框架识别等）使用的主流表示方法，当跨度较长时，该方法无法充分地表达跨度的完整语义。该类方法一般将跨度首词和尾词的向量表示拼接后作为跨度的表示，对命名体识别中的实体、事件识别中的触发词等长度较短的跨度，这种方法能够获得较好的表示，但在框架语义角色标注中，论元跨度可能是词、短语或从句，跨度长度多样，平均长度要大于实体或触发词的长度，所以基于边界的跨度表示方法存在对论元跨度语义建模不充分的问题。

（3）关系混淆问题

基于表格表示的方法存在关系混淆问题。当同一论元跨度在不同框架下充当不同角色时，EFSP-TE 对该类论元的识别能力较差，倾向于将该类论元预测为 Null 角色，即不在框架中充当任何角色。如图 5.2 所示，论元跨度“the Gulf regimes”在三个框架中分别充当不同的角色，EFSP-TE 模型在预测时都将其角色预测为 Null，导致预测的三个框架语义结构中都缺少该论元及其角色信息。其主要原因是表格编码器同时对文本中存在的不同框架下的多种关系对进行建模，使得同一论元与不同目标词之间的语义关系表示的区分度不够，造成了模型对关系预测混淆的问题。

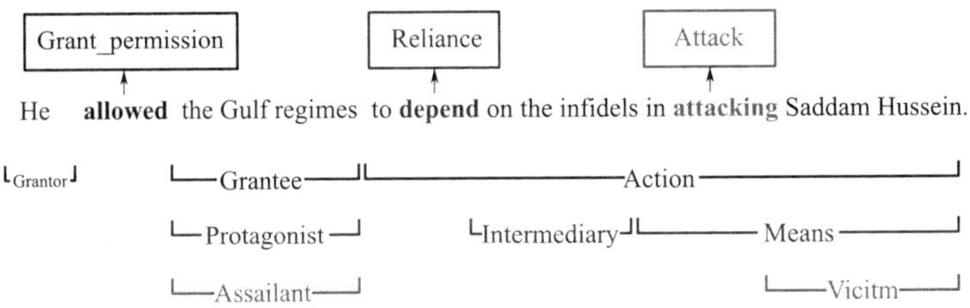

图 5.2　同一论元充当不同角色的标注示例

针对上述不足，本章提出了一种基于标记注意力的两阶段框架语义分析方法。与 EFSP-TE 类似，该方法将语义分析任务分解为两个子任务（框架分类和框架语义角色标注）；与 EFSP-TE 不同的是，该方法对两个子任务进行单独建模，两个模型采用不同的编码器，以便框架分类模型更好地融入词元知识，框架语义角色分类模型更好地解决关系混淆问题。对于词元知识的融合问题，采用基于标记注意力和悬浮标记的方式，将词元知识通过基于跨度的突显性向量的方式融入编码器中，使模型能清晰地感知到哪些词或短语是潜在的目标词。对于跨度信息表示不充分的问题，采用基于无类型悬浮标记的形式，通过标记注意力机制，将论元跨度的语义信息聚合到无类型标记中，最后和跨度的边界表示融合到一起，形成对跨度的最终表示。针对关系混淆问题，将多框架同时分析分解为单框架分析，并通过类型标记的形式将框架信息注入框架语义角色标注的编码器中，使模型能感知到当前预测的目标词和论元之间的关系（语义角色）属于哪个框架，以更好地解决关系混淆问题。

5.1 相关工作

5.1.1 标记及基于标记的跨度表示

众所周知，预训练语言模型在输入文本时，一般要对文本进行 Tokenize 处理，将文本转换为 Token 序列，同时还要在 Token 序列中插入一些特殊的 Token（例如 [MASK]、[CLS]）来实现特殊的功能。如在 BERT 模型中，[CLS] 用来聚合文本的全局信息，形成对文本的整体语义表示。本章将这些特殊 Token 都统称为标记（marker），根据插入 Token 序列中的标记是否成对，可分为单标记（如 [CLS]、[SEP]）和配对标记（如 <O>…</O>）。单标记通常用来分隔文本或聚合整个序列的语义，在预训练模型中得到了广泛的应用。配对标记通常用来聚合标记所包含的文本片段（跨度）的语义，在关系抽取任务中得到了比较广泛的应用。

（1）标记的类型

根据标记本身是否携带类型信息，标记可分为类型标记和无类型标记。如在关系抽取任务中，person 是一种实体类型的名称，则 Token 序列“<person>Mike</person>”中配对标记突显了“Mike”，同时表明该实体的类型为 person，该序列中使用的标记为类型标记。而在序列“<t>Mike</t>”中，标记 <t> 并没有明确的语义信息，不能体现突显跨度的语义类型，这种类型的标记称为无类型标记。无类型标记的应用较为广泛，如在语言模型的输入序列中往往都会插入特殊的无类型标记；在提示学习的提示模板中，通常也会插入一些特殊的无类型标记；在方面级情感分类、命名体识别和事件抽取等信息抽取任务中，无类型标记也被用来突显某些实体。无类型标记通常用来突显某些信息，或者作为占位符或分隔符，并不能为文本序列带来额外的语义信息。Zhong 等人在关系抽取任务上分别使用有类型标记和无类型标记突显实体，实验证明了有类型标记能够显著提升关系抽取任务的性能，说明有类型标记能够为实体的表示带来额外的语义信息。

根据标记的插入位置和方式的不同，标记可以分为固定标记和悬浮标记。固定标记指直接插入文本的Token序列中的标记，悬浮标记指插入文本的Token序列之后，且通过位置编码共享和单向注意力机制将标记与Token序列中某个位置的Token进行绑定。悬浮标记由Zhong等人最先提出，用来解决在同一个batch中同时处理多对实体之间实体关系分类问题，克服了固定标记在一个batch中只能一次处理一对实体关系分类的不足，提高了运行的效率。Ye等人扩展了Zhong等人的工作，提出了一种基于悬浮标记的打包策略，尽可能将具有相同起始标记的跨度打包到一个训练实例中，以更好地解决实体边界识别和大量悬浮标记存在时的运行效率问题。

（2）跨度表示

跨度表示是诸多信息抽取任务的基础模块，如实体识别中的候选实体表示、事件抽取中的论元表示、方面级情感分类任务中的方面词表示等都需要对跨度进行表示。传统的跨度表示方法是基于边界词的表示，该类方法一般将跨度左侧和右侧边界Token对应的编码器输出向量拼接后作为跨度的表示。有些研究在此基础之上加入一些有关跨度的属性信息，如跨度的长度、跨度的位置等信息；也有一些研究使用池化操作（如最大池化maxpooling，平均池化meanpooling）、自注意力（self attention）、LSTM编码等方式进一步提取跨度的语义信息来丰富跨度的表示，但这些方法对于提升跨度的表示能力所发挥的作用有限，且大幅增加运行开销。

近年来，基于标记的表示被应用到跨度表示中，该类方法通常使用配对标记来突显文本包含的指定跨度，即在文本的Token序列的待突显跨度左侧和右侧分别插入起始标记（如<person>）和结束标记（如</person>），经编码器编码后，将起始标记和结束标记对应输出向量进行拼接后形成跨度的表示。如在关系抽取任务中，使用配对标记突显作为Subject的实体跨度和Object的实体跨度，通过编码器的注意力机制将跨度的语义信息聚合到标记中，最后将标记对应的语义表示作为跨度的表示。这种方法可以带来两个好处。首先，无论跨度的长度如何变化，都能使用统一的方式对它们进行表示；其次，可以通过使用类型标记将跨度的类型信息注入跨度的表示中，从而增强跨度的表示。

5.1.2 基于标记的框架语义分析方法

已有的有关框架语义分析的研究，包括目标词识别、框架识别和框架语义角色标注，大多使用基于边界词的方法表示目标词和论元跨度。Zheng等人提出了一种基于查询的框架语义角色标注方法，该方法将框架语义角色标注建模为依据框架定义从文本中查询论元的过程。该方法的模型输入为文本（text）和

框架定义（definition）的拼接，即 [CLS] text [SEP] definition [SEP]，在文中使用配对无类型标记 <f>target</f> 突显目标词，在 definition 中使用配对无类型标记 <r>role</r> 突显角色名称。实验表明 <f>…</f> 对模型性能具有显著影响，<r>…</r> 对模型性能影响不大。Kalyanpur 等人提出了一种基于 encoder-decoder 结构的框架语义分析生成模型，模型使用配对标记“*”突显目标词，使用标记“|”作为生成的（论元，角色）对之间的分隔符。

与已有研究不同，本章聚焦于端到端框架语义分析，探索基于标记的词元知识融合方法和基于标记的跨度增强表示方法，在不改变基础编码器结构和不增加额外模块的基础上，通过对编码器的输入序列和注意力机制的改变来提高框架语义分析的性能，从而形成基于标记的两阶段框架语义分析方法。

5.2 任务定义

本章采用两阶段的方式实现端到端框架语义分析，其目标仍然是从给定的句子中抽取出其中包含的所有框架语义结构。形式化地，给定一个包含 n 个单词 $w_1,w_2,\cdots,w_n$ 的句子 X，端到端框架语义分析旨在抽取一组语义结构 $Y=\{y_1,y_2,\cdots,y_k\}$，其中，第 i 个（$1\leqslant i\leqslant k$）结构可表示为一个二元组 $y_i=(\mathrm{TF}_i,\mathrm{AR}_i)$。为了实现框架语义结构的抽取，本章将分析任务分解成两个子任务：框架分类和框架语义角色标注，分别实现 TF_i 和 AR_i 的识别。其中：

① $\mathrm{TF}_i=(t_i,f_i)$ 是一个（目标词，框架）对，其中，t_i 是在句子 X 中能够激起框架的单词或短语，$f_i\in\tilde{F}(\{\mathrm{Null}\}\cup F)$ 是由 t_i 激起的框架，F 是框架语义知识库中所有框架构成的集合。当 f_i 为 Null 时，表示 t_i 激起了一个空框架，换句话说该词不是一个合法的目标词，集合 TF_i 不保留该类（目标词，框架）对。

② $\mathrm{AR}_i=(a_{i,1},r_{i,1}),\cdots,(a_{i,\mathrm{rd}_i},r_{i,\mathrm{rd}_i})$ 是（论元，角色）对的集合，其中，$a_{i,j}$ 表示句 X 中目标词 t_i 对应的第 j（$1\leqslant j\leqslant \mathrm{rd}_i$）个论元，$\mathrm{rd}_i$ 是论元的数量，$r_{i,j}\in\tilde{R}=\{\mathrm{Null}\}\cup R$ 是该论元的语义角色。R 是框架语义知识库中所有角色的集合，R_{f_i} 表示框架 f_i 的特定角色集合，是 R 的子集。当角色 $r_{i,j}$ 为 Null 时，表示 $a_{i,j}$ 不是目标词 t_i 的论元，集合 AR_i 中不保留该类（论元，角色）对。

5.3 基于标记注意力的框架分类模型

框架分类（frame classification, FC）的目标是从给定的文本中预测出文本中包含的所有目标词以及其激起的框架。由第 4 章可知，将词元知识融合到模型中有利于提高框架分类模型对目标词的识别能力，但单独依赖突显性向量的融合方法不利于充分发挥词元知识对模型的指导作用。为了更好地融入词元知识，提高框架分类的性能，本章构建了一种基于标记注意力的框架分类模型（marker attention based frame classification, MAFC），该模型使用悬浮标记和突显性向量相结合的编码方式，在不增加额外知识融合模块的基础上，实现知识的融合和模型性能的提升。

5.3.1 标记注意力输入表示

由于目标词可能是词或短语，所以框架分类模型首先将长度不超过 max_target_len 的由一个或多个连续单词组成的跨度视为潜在目标词，然后对潜在目标词进行分类，从而识别出目标词和框架。因此，对潜在目标词的表示是模型分类需要解决的首要问题。为了获取潜在目标词的表示，MAFC 采用 BERT 作为编码器，其输入由四个部分组成：Token 编码、位置编码、突显性向量编码和注意力矩阵。除注意力矩阵外，每一组编码又由两部分组成，即常规输入文本对应的编码［见图 5.3（a）］和悬浮标记对应的编码［见图 5.3（b）］，简称为常规部分和标记部分，注意力矩阵由四个分块矩阵组成。

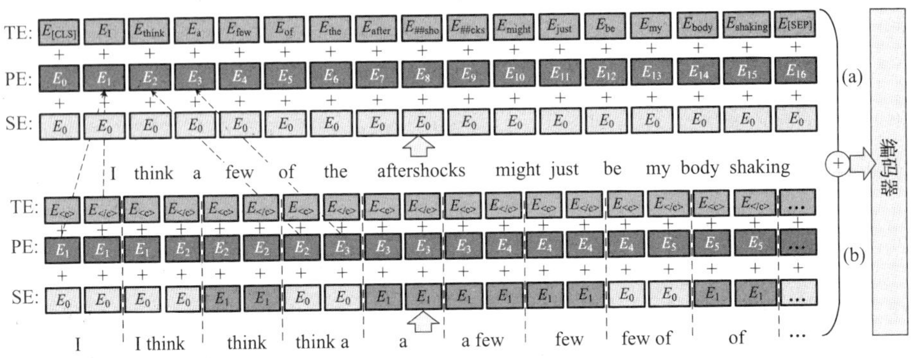

图 5.3　基于标记注意力的框架分类模型输入表示

（1）Token 编码（TE）

Token 编码的常规部分是输入文本经 Tokenize 处理后形成的 Token 序列编码，标记部分是多组悬浮标记的编码。每一组悬浮标记对应一个潜在目标词，因为一个目标词是文本中的一个跨度，所以采用配对标记 <c> 和 </c> 分别表示潜在目标词的起始标记和终止标记。

（2）位置编码（PE）

位置编码的常规部分与 BERT 的位置编码一致，本小节不再赘述。标记部分的位置编码采用位置共享策略，具体而言，<c> 标记与潜在目标词在 Token 序列中的起始位置共享位置编码，</c> 标记与潜在目标词在 Token 序列中的终止位置共享位置编码。例如，“I”在 Token 序列中的起始和终止位置都为 1，所以其悬浮标记 <c> 和 </c> 的位置编码为 E_1 和 E_1；“think a”在 Token 序列中的起始和终止位置为 2 和 3，所以与其对应的悬浮标记 <c> 和 </c> 的位置编码为 E_2 和 E_3。位置共享的目的是使标记与对应的 Token 共享语义信息。

（3）突显性编码（SE）

突显性向量的作用是突显哪些词已被词元知识库收录，那么这些词很有可能是在当前上下文能够激起框架的潜在目标词，所以通过突显性向量的方式来体现潜在目标词与知识库中词元的关联性。第 4 章将突显性信息附加到了常规输入的 Token 上，存在无法区分词和短语目标词的不足，本章将突显性信息附加到悬浮标记上，解决了短语形式的目标词无法突显的问题。具体而言，突显性向量包括两个部分，即常规输入部分和标记部分。常规输入部分每一个 Token 对应的突显性向量值都为 0，对应的编码都为 E_0；标记部分每一个悬浮标记对应的突显性向量值取决于悬浮标记对应的潜在目标词是否与词元库中的词元关联，如果关联，则向量值为 1，即编码为 E_1，否则值为 0，编码为 E_0。

由于每一组悬浮标记 <c> 和 </c> 对应一个潜在目标词，这些词既包括单个词也包括短语，所以模型可以独立地为每一个潜在目标词设置突显性向量编码。如“a”“a few”“few”都与词元知识库中的词元相关联，那么它们对应的悬浮标记 <c> 和 </c> 的突显性编码都为 E_1。通过将突显性向量附加到悬浮标记的方式能够清晰地区分哪些词或短语与词元相关联，并将这种关联信息在输入层注入模型中。有研究表明，在输入层注入知识要显著优于在输出层使用它们。

（4）注意力矩阵（$\boldsymbol{A}$）

虽然通过位置共享的方式可以实现悬浮标记与对应 Token 的信息共享，但为了使突显性信息与 Token 序列进行交互，实现悬浮标记与对应的 Token 进行深度绑定，以及实现配对标记内部的交互，MAFC 通过扩展 Transformer 模型的注意力矩阵，约束模型实现上述交互，实现方法是将传统的基于双向注意力的机制修改为混合注意力机制。如图 5.4 所示，扩展后的注意力矩阵 $\boldsymbol{A}$ 由四个分块矩阵组成，它们分别是 token-token 注意力矩阵 $\boldsymbol{A}_{11}$、token-marker 注意力矩阵 $\boldsymbol{A}_{12}$、marker-token 注意力矩阵 $\boldsymbol{A}_{21}$ 和 marker-marker 注意力矩阵 $\boldsymbol{A}_{22}$。图中深色单元格表示矩阵对应位置的值为 1，白色表示值为 0。

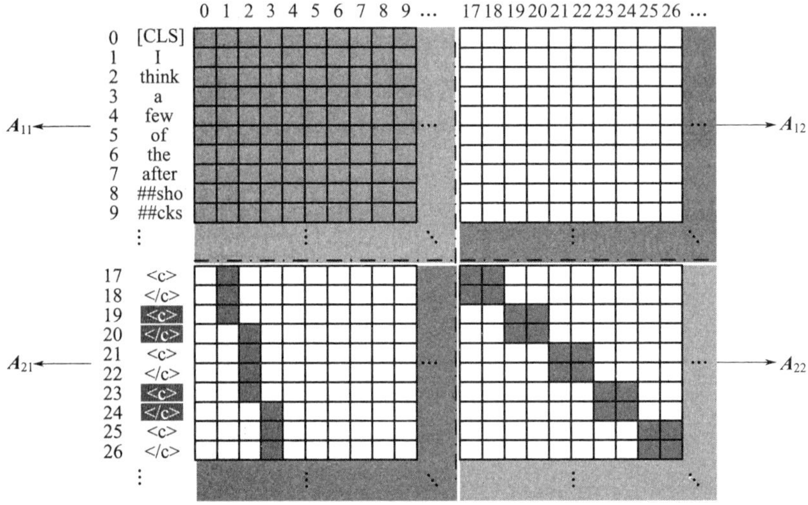

图 5.4　注意力矩阵表示示意图

如图 5.4 所示，token-token 注意力矩阵 $\boldsymbol{A}_{11}$ 为全 1 矩阵，表示 Token 序列之间为双向注意力，可实现信息的双向交互，支持 MAFC 完成对输入文本的双向语义建模。MAFC 采用单向注意力的方式实现悬浮标记与对应 Token 的交互，单向注意力可通过 marker-token 注意力矩阵来约束。单向注意力的目的是实现悬浮标记与其关联的 Token 进行深度绑定，从而将 Token 的语义信息与标记所附加的信息进行深度融合，如将 Token 语义与词元的关联信息进行融合，且不破坏 Token 在上下文中的语义信息。如图 5.4 所示，矩阵 $\boldsymbol{A}_{21}$ 中每一个悬浮标记只关注与其关联的 Token，矩阵中对应位置的值为 1。由于 maker-token 采用单向注意力机制，所以 token-marker 矩阵 $\boldsymbol{A}_{12}$ 的值都为 0。

因为每一组悬浮标记中的两个标记分别对应一个跨度的起始 Token 和终止 Token，为了使悬浮标记能够获得跨度的整体语义信息，通过定义 marker-marker 注意力矩阵，实现每一组悬浮标记内部两个标记的双向交互，进而达到起始标记与终止标记之间的信息融合。此外，MAFC 假定目标词之间相互独立，所以 marker-marker 注意力矩阵中，双向注意力只局限在组内，组与组之间不存在信息交互。如图 5.4 所示，$\boldsymbol{A}_{22}$ 中围绕主对角线的每一个 2×2 矩阵的值全为 1，表示组内两个标记之间可以进行双向信息交互，而其他位置的值都为 0，表示组与组之间不存在信息交互。

形式化地，给定一个句子 X， tx 是对其进行 Tokenize 处理后形成的长度为 n 的 Token 序列， mx 是由 X 产生的一系列长度不超过 max_target_len 跨度对应的 m 对配对悬浮标记序列，则基于标记注意力的输入可形式化表示为：

$$\mathrm{Emb}(X)=\mathrm{TE}([\mathrm{tx};\mathrm{mx}])+\mathrm{PE}([\mathrm{tx};\mathrm{mx}])+\mathrm{SE}([\mathrm{tx};\mathrm{mx}]) \tag{5.1}$$

式中，$\mathrm{TE}(\cdot)$、$\mathrm{PE}(\cdot)$ 和 $\mathrm{SE}(\cdot)$ 分别为 Token 编码、位置编码和突显性编码的嵌入表示函数，它们的功能是获取离散输入的分布式表示，$\mathrm{Emb}(X)$ 为三类嵌入表示之和。在获得输入的嵌入表示后，框架分类模型将其送入基于 Transformer 结构的编码器进行上下文语义建模，在建模过程中结合注意力矩阵 $\boldsymbol{A}$ 完成对序列的混合注意力建模，从而获得语义丰富的上下文表示，其建模过程可形式化表示为：

$$\boldsymbol{H}=\mathrm{Encoder}(\mathrm{Emb}(X),\boldsymbol{A}) \tag{5.2}$$

式中，$\boldsymbol{H}\in\mathbb{R}^{(n+2m)\times d}$ 为编码器的输出表示，$\boldsymbol{H}$ 可以分解为 $\boldsymbol{H}^{(\mathrm{a})}\in\mathbb{R}^{n\times d}$ 和 $\boldsymbol{H}^{(\mathrm{b})}\in\mathbb{R}^{2m\times d}$ 两个组成部分，它们分别表示 Token 序列对应的表示和标记序列对应的表示，d 为向量维度；$\mathrm{Encoder}(\cdot)$ 为上下文编码器。

5.3.2 标记表示框架分类

在获得输入序列的上下文语义表示 $\boldsymbol{H}$ 后，对于任一个潜在目标词 s_{ij}，其在 Token 序列中对应的起始位置和终止位置分别为 i 和 j，与它们关联的悬浮标记在标记序列中的起始位置和终止位置分别为 $m(i)$ 和 $m(j)$，则该潜在目标词可以表示为 $r(s_{ij})=[\boldsymbol{h}_i^{(\mathrm{a})};\boldsymbol{h}_j^{(\mathrm{a})};\boldsymbol{h}_{m(i)}^{(\mathrm{b})};\boldsymbol{h}_{m(j)}^{(\mathrm{b})}]$，其中，$\boldsymbol{h}_i^{(\mathrm{a})},\boldsymbol{h}_j^{(\mathrm{a})}\in\boldsymbol{H}^{(\mathrm{a})}$，且 $\boldsymbol{h}_{m(i)}^{(\mathrm{b})},\boldsymbol{h}_{m(j)}^{(\mathrm{b})}\in\boldsymbol{H}^{(\mathrm{b})}$。最后将潜在目标词的表示 $r(s_{ij})$ 送入线性分类器进行框架分类，分类器可表示为：

$$p_{\mathrm{f}}(s_{ij})=\mathrm{Linear}(r(s_{ij})) \tag{5.3}$$

框架分类是一个多分类问题，通常采用交叉熵损失函数对模型进行训练。假定 S 是给定文本的所有潜在目标词的集合，$s_{ij}\in S$ 的真实标签为 y_{ij}，则框架分类的损失表示为：

$$L_{\mathrm{f}}=-\sum_{s_{ij}\in S}y_{ij}\log(p_{\mathrm{f}}(s_{ij})) \tag{5.4}$$

在框架预测时，采用与第 4 章相同的过滤策略。首先根据潜在目标词 s_{ij} 与词元知识库的关联关系构建掩码向量 $\boldsymbol{v}_{s_{ij}}\in\{0,-\infty\}^{1\times|\tilde{F}|}$，其中，$|\tilde{F}|$ 为集合 $\tilde{F}$ 的元素数量。向量中第一个元素定义为 $v_{s_{ij}}[0]=0$，表示 Null 框架是任何词元都可能激起的框架。对于 $\boldsymbol{v}_{s_{ij}}$ 中的第 k 个（$k\geqslant1$）元素，其值定义为：

$$v_{s_{ij}}[i]=\begin{cases}0\ , & \tilde{F}[k]\in F_{\mathrm{lex}(s_{ij})}\\ -\infty, & \text{其他}\end{cases} \tag{5.5}$$

式中，$\text{lex}(s_{ij})$ 为潜在目标词经词形还原后的词元形式；$F_{\text{lex}(s_{ij})} \subset F$ 为词元知识库中 $\text{lex}(s_{ij})$ 对应的框架集合。最后，使用掩码向量在框架预测时进行框架过滤，预测函数的形式化表示如下：

$$\hat{f} = \text{argmax}_{f \in \tilde{F}}(\text{softmax}(p_{\text{f}}(s_{ij}) + \boldsymbol{v}_{s_{ij}})) \tag{5.6}$$

5.4 基于标记注意力的框架语义角色标注模型

框架语义角色标注的目标是在给定目标词和其能激起框架的条件下，从句子中识别出论元及其充当的语义角色。从标注任务是否分阶段，可将已有方法分为两阶段方法和一阶段方法两类。两阶段方法将框架语义角色标注分为论元识别和角色分类两个阶段，存在明显的错误传播问题，已有方法大多是两阶段方法。Zheng 等人提出了一种基于框架定义查询的一阶段框架语义角色标注方法，该方法将框架定义中包含的框架元素（语义角色）名称作为查询项，从句子中查找所对应的论元，该方法克服了两阶段方法存在的错误传播问题，但无法解决同一角色在句子中重复出现的问题，且该方法高度依赖于框架定义文本的质量。

本章设计了一种基于标记注意力的一阶段框架语义角色标注方法，该方法首先利用文本的句法依存信息将不可能是论元的跨度进行剪枝，得到潜在论元集合，然后直接对潜在论元和目标词进行关系分类，从而得到论元在当前框架中充当的角色。此外，该方法是一种基于跨度的方法，跨度表示是该方法的一个基本问题。该方法使用悬浮标记捕捉跨度的局部信息，并将其融合到跨度表示中，用于增强传统基于边界词信息跨度表示方法的语义表示能力。基于该方法的思想，构建了基于标记注意力的框架语义角色标注模型（marker attention based frame-semantic role labeling，MAFSRL），模型结构如图 5.5 所示。

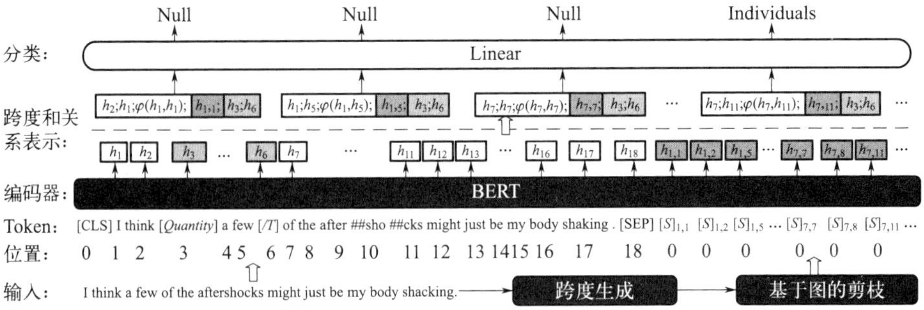

图 5.5 基于标记注意力的框架语义角色标注模型示意图

5.4.1 潜在论元生成

两阶段框架语义分析方法根据论元识别方法的不同，可以分为基于规则的方法和基于模型的方法。早期的框架语义分析研究利用依存句法信息和短语结构句法信息构建论元识别规则，然后利用规则确定论元。近期的研究通过构建二分类模型或 CRF 模型识别论元。虽然两类方法实现的技术路线不同，但二者的目标是相同的，即从句子中首先识别出所有论元，然后进行角色分类。两阶段方法存在错误传播问题，即论元识别错误或丢失都会导致角色分类的错误。

基于上述分析，MAFSRL 模型采用一阶段的方式直接对候选跨度进行角色分类，以克服两阶段识别造成的错误传播问题。但由于给定一个长度为 n 的文本，可能的跨度数量达到了 $O(n^2)$，造成运算开销较大的问题。为此，MAFSRL 使用两种策略来缓解这一问题：一是基于特定窗口的跨度生成，二是基于图的跨度剪枝。与已有的两阶段方法中的论元识别不同，本方法在数据预处理阶段使用这两种策略，目的不是要精确地识别论元，而是剔除较为不可能是论元的跨度。本章把经上述处理后得到的跨度称为潜在论元。

基于论元分布的局部特性，即论元一般分布在目标词的周围，所以可采用基于特定窗口的跨度生成策略将跨度限制在目标词周围的一个特定窗口内。设窗口大小为 winSize，跨度的最大长度为 maxLen，跨度生成就是在以目标词为中心的大小为 winSize 的窗口内枚举长度不超过 maxLen(maxLen＜winSize) 的连续词序列作为生成的跨度。详细生成过程见第 3 章算法 3.1，本节不再赘述。当 winSize ＜n 时，潜在跨度最多不超过 $O(\text{winSize}\times\text{maxLen})$ 。

依存句法信息能够反映句子中任意两个单词之间的依存关系，跨度内单词之间的依存关系在一定程度上能反映跨度作为论元的合理性，如果跨度内的单词之间不存在语义依存关系，那么该跨度不可能是一个论元，因为其不能表达一个完整的语义，如概念、事件、实体等。如图 5.6 所示，对于包含两个单词的跨度“think a”“few of”“aftershocks might”和“be my”，每个跨度内两个单词之间不存在直接语义依存关系，它们都不能表达相对完整的语义，因此，这些跨度将会从潜在论元集合中被剪枝。具体而言，首先从依存图中获取每一个跨度的子图，然后分析子图的连通性，如果不满足：子图为弱连通图，如图 5.6 中图（a）、图（b）和图（c）所示的情形；或者子图不是弱连通图，但不连通的子图有着共同的父结点，如图 5.6 中图（d）所示的情形，那么该跨度将会被剪枝。通过剪枝后，潜在论元的数量可减少 50%，即潜在论元数量最多不超过

$O(\text{winSize}\times\text{maxLen}/2)$。

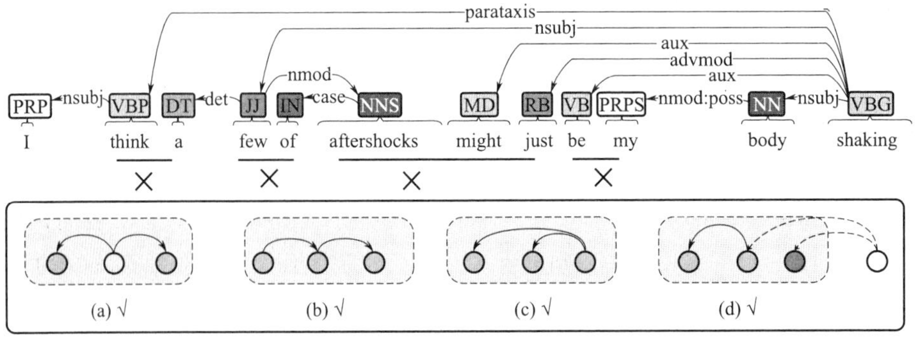

图 5.6 基于依存图的潜在论元剪枝示例

MAFSRL 模型将潜在论元生成视为一种数据预处理，在去除较为不可能是论元的跨度基础之上，尽可能地将真实论元保留在潜在论元集合中。这种数据处理方法会带来两个方面的益处：一是提高了 MAFSRL 模型的运行效率；二是因减少了无关跨度的数量，缓解了模型因无关跨度过多而造成的偏见问题，即倾向于将跨度预测为 Null 角色。

5.4.2 框架语义角色标注

MAFSRL 模型将角色视为论元与目标词之间的一种受当前框架语义约束的语义关系，即将角色标注建模为关系分类任务。如何对目标词、论元及其二者之间的关系进行建模是 MAFSRL 模型的重点，与框架分类模型 MAFC 的思路类似，MAFSRL 将固定标记融入框架信息，采用悬浮标记增强论元的表示，目的是获得更好的关系表示，从而提升关系分类的性能。

（1）输入及编码表示

与 MAFC 模型的输入类似，MAFSRL 模型的输入也包括两个部分，即 Token 序列 ts 和悬浮标记序列 ms。给定一个句子 X，首先使用 Tokenize 工具得到长度为 n 的 Token 序列，然后在序列中目标词的两侧分别插入框架类型标记 [fname] 和目标词结束标记 [/T]，目的是突显目标词以及融入框架信息。设目标词 $t=(a,b)$， a 和 b 分别表示目标词 t 在 Token 序列中的起始和结束位置，那么 ts 可以表示为：[CLS], t_1 , t_2 ,⋯, t_{a-1} ,[fname], t_a ,⋯, t_b ,[/T], t_{b+1} ,⋯, t_n ,[SEP]。与 MAFC 采用配对悬浮标记不同，MAFSRL 采用单悬浮标记，目的是减小标记序列的长度。因为潜在论元的数量远远大于候选目标词的数量，假定潜在论元的

数量为 m ，如果采用配对悬浮标记，则标记序列长度为 $2m$ ，如果采用单悬浮标记，则标记序列长度为 m ，所以 MAFSRL 采用单悬浮标记来增强潜在论元的表示，以期获得性能和效率的平衡。因此，标记序列 ms 可以表示为：$[S]_1$, $[S]_2$,⋯, $[S]_m$。MAFSRL 模型输入的嵌入表示可形式化为：

$$\mathrm{Emb}(X) = \mathrm{TE}([\mathrm{ts}; \mathrm{ms}]) + \mathrm{PE}([\mathrm{ts}; \mathrm{ms}]) \tag{5.7}$$

式中，$\mathrm{TE}(\cdot)$ 和 $\mathrm{PE}(\cdot)$ 分别为 Token 编码和位置编码的嵌入表示函数，获得离散输入的分布式表示；$\mathrm{Emb}(X)$ 为两类嵌入表示之和。如图 5.5 所示，ts 对应的位置编码按 Token 出现的顺序依次编码，ms 对应的编码都设为 0。ts 中每一个标记通过与 MAFC 模型类似的单向注意力实现标记与潜在论元的深度绑定。具体而言，设 $\boldsymbol{A}$ 为注意力矩阵，可分解为与 MAFC 模型中注意力矩阵类似的四个分块矩阵的形式，即：

$$\boldsymbol{A} = \begin{bmatrix} \boldsymbol{A}_{11} & \boldsymbol{A}_{12} \\ \boldsymbol{A}_{21} & \boldsymbol{A}_{22} \end{bmatrix} \tag{5.8}$$

$\boldsymbol{A}_{11}$ 为全 1 矩阵，表示 Token 序列中的 Token 之间可实现双向注意力；$\boldsymbol{A}_{12}$ 为全 0 矩阵，表示不存在 Token 对标记的注意力；$\boldsymbol{A}_{22}=\mathbf{0}$ 表示不存在标记之间的注意力，因为 MAFSRL 假定它们之间相互独立；$\boldsymbol{A}_{21}$ 矩阵用来设置标记对 Token 序列中对应跨度的注意力。如图 5.5 所示，$S_{b,e}$ 表示标记对起始位置和终止位置分别为 b 和 e 的潜在论元存在注意力，如 $S_{1,1}$ 和 $S_{1,2}$ 表示相应位置的标记 [S] 分别对跨度（1,1）和（1,2）存在注意力，即潜在论元“I”和“I think”。因此，对于第 i 个标记，假定与其绑定的潜在论元的跨度为（b, e），则 $\boldsymbol{A}_{21}$ 矩阵中第 i 行中元素的值可定义为：

$$a_{ij} = \begin{cases} 1, & b \leqslant j \leqslant e \\ 0, & \text{其他} \end{cases} \tag{5.9}$$

在获得输入的嵌入表示后，框架语义角色标注模型将其送入基于 Transformer 结构的编码器进行上下文语义建模，结合注意力矩阵 $\boldsymbol{A}$ 完成对序列的混合注意力建模，从而获得语义丰富的上下文表示，其建模过程可形式化表示为：

$$\boldsymbol{H} = \mathrm{Encoder}(\mathrm{Emb}(X), \boldsymbol{A}) \tag{5.10}$$

式中，$\boldsymbol{H} \in \mathbb{R}^{(n+m)\times d}$ 为编码器的输出表示，$\boldsymbol{H}$ 可以分解为 $\boldsymbol{H}^{(\mathrm{a})} \in \mathbb{R}^{n\times d}$ 和 $\boldsymbol{H}^{(\mathrm{b})} \in \mathbb{R}^{m\times d}$ 两个组成部分，它们分别表示 Token 序列对应的表示和标记序列对应的表示；$\mathrm{Encoder}(\cdot)$ 为上下文编码器。

（2）关系表示与分类

本章将框架语义角色视为在框架约束下的目标词与论元之间的一种语义关系，因此，为了实现角色预测，首先需要获得关系表示，然后再使用线性网络对关系进行分类。MAFSRL 采用一阶段标注方法，直接预测目标词与潜在论元之间的语义关系，所以存在一种特殊的角色类型（Null），表示该潜在论元不是该目标词对应的论元。

在获得输入序列的上下文语义表示 $\boldsymbol{H}$ 后，对于任一个潜在论元 s_{be}，其与目标词 t_{ij} 之间的关系可表示为多个向量的拼接：

$$r(t_{ij}, s_{be}) = [\boldsymbol{h}_{i-1}^{(\mathrm{a})}; \boldsymbol{h}_{j+1}^{(\mathrm{a})}; \boldsymbol{h}_{b}^{(\mathrm{a})}; \boldsymbol{h}_{e}^{(\mathrm{a})}; \boldsymbol{h}_{m(b,e)}^{(\mathrm{b})}; \varphi(t_{ij}, s_{be})] \tag{5.11}$$

式中，$\boldsymbol{h}_{i-1}^{(\mathrm{a})}, \boldsymbol{h}_{j+1}^{(\mathrm{a})}, \boldsymbol{h}_{b}^{(\mathrm{a})}, \boldsymbol{h}_{e}^{(\mathrm{a})} \in \boldsymbol{H}^{(\mathrm{a})}$；$\boldsymbol{h}_{m(b,e)}^{(\mathrm{b})} \in \boldsymbol{H}^{(\mathrm{b})}$；$i$ 和 j 分别表示目标词 t_{ij} 在 Token 序列中对应的起始位置和终止位置；$i-1$ 和 $j+1$ 对应突显目标词的两个固定标记的位置；b 和 e 分别表示潜在论元 s_{be} 在 Token 序列中对应的起始位置和终止位置；$m(b,e)$ 为与论元 s_{be} 对应的悬浮标记在标记序列中的位置。此外，为了建模目标词与潜在论元之间的位置关系（与目标词的相对距离）以及潜在论元的长度，MAFSRL 使用了在 TaRFSP 模型中使用的相对位置和跨度宽度特征（详见第 3 章），$\varphi(t_{ij}, s_{be})$ 表示相对位置和宽度的嵌入表示拼接后形成的向量表示。

在获得关系表示后，将目标词与潜在论元之间的关系表示 $r(t_{ij}, s_{be})$ 送入线性分类器进行关系分类，分类器可表示为：

$$p_{\mathrm{r}}(t_{ij}, s_{be} \mid f_{t_{ij}}) = \mathrm{Linear}(r(t_{ij}, s_{be})) \tag{5.12}$$

最后，模型采用交叉熵损失函数进行训练。具体而言，对于给定目标词 t_{ij} 以及其激起的框架 $f_{t_{ij}}$，潜在论元集合 S，$s_{be} \in S$ 的真实标签为 y_{be}，则角色分类的损失可以表示为：

$$L_{\mathrm{r}} = -\sum_{s_{be} \in S} y_{be} \log(p_{\mathrm{r}}(t_{ij}, s_{be} \mid f_{t_{ij}})) \tag{5.13}$$

在角色预测时，采用与第 4 章相同的过滤策略。具体而言，首先根据框架与角色之间的语义关系，为每一个框架 f 构造一个掩码向量 $\boldsymbol{v}_f \in \{0, -\infty\}^{1\times|\tilde{R}|}$，并且定义 $v_f[0]=0$，用来约束模型在 $\{\mathrm{Null}\} \cup R_f$ 中为每一个潜在论元预测一个角色。对于 $\boldsymbol{v}_f$ 中的第 i 个（$i\geqslant 1$）元素，其值定义为：

$$v_f[i] = \begin{cases} 0\ , & \tilde{R}[i] \in R_f \\ -\infty, & \text{其他} \end{cases} \tag{5.14}$$

然后，利用掩码对预测结果进行过滤，将预测的角色类型约束在当前框架内。对于给定目标词 t_{ij} 以及其激起的框架 $f_{t_{ij}}$，潜在论元 s_{be} 的角色可使用如下函数进行预测：

$$\hat{r}_{s_{be}} = \text{argmax}_{r \in \hat{R}_f} (\text{softmax}(p_{\text{r}}(t_{ij}, s_{be} \mid f_{t_{ij}}) + \boldsymbol{v}_{f_{t_{ij}}})) \tag{5.15}$$

5.5 实验与结果分析

5.5.1 实验环境设置

（1）实验数据集

实验使用公开发布的框架语义分析标准数据集 FN1.5 和 FN1.7，训练集、开发集、测试集的划分方式以及数据统计情况见第 1 章。依存关系解析使用由美国斯坦福大学自然语言处理团队开发的 Stanza 工具包。词形还原和词性标注使用由美国宾夕法尼亚大学计算机与信息科学系开发的 NLTK 工具包。

（2）实验参数设置

本章构建的两个模型都使用 Bert-base-uncased 作为上下文编码器，所有参数在训练过程中进行微调。模型使用 PyTorch 实现，训练使用 GPU A100。所有超参数在开发数据集上根据 F1 指标进行调优，参数设置结果见表 5.1 和表 5.2。

在模型训练过程中，如果某些较长的句子造成输入序列（包括 Token 序列和标记序列）的总长度超过设置的最大长度，采用分批次输入的方法，将标记序列分为多个批次依次输入模型。如表 5.1 和表 5.2 所示，模型 MAFC 和 MAFSRL 的最大标记序列长度分别设置为 320 和 100。

表5.1　MAFC模型参数设置表

参数名称	值
潜在目标词的最大长度（max_target_len）	2
Token 序列（tx）长度	160
标记序列（mx）最大长度	320
训练轮数（training epochs）	20
批次大小（batch size）	16
学习率（learning rate）	5e-5
优化器（optimizer）	AdamW

表5.2 MAFSRL模型参数设置表

参数名称	值
潜在论元最大长度（maxLen）	20
潜在论元生成时的窗口大小（winSize）	40
Token 序列（ts）长度	160
标记序列（ms）最大长度	100
训练轮数（training epochs）	20
批次大小（batch size）	16
学习率（learning rate）	2×10^{-5}
优化器（optimizer）	AdamW

5.5.2 对比实验结果

为了充分验证基于标记注意力的两阶段框架语义分析方法的有效性，设计了与三类模型的对比实验，这些模型分别是：端到端模型、单任务模型和大语言模型。端到端模型指能够完成框架语义分析所有子任务的模型，包括目标词识别（TI）、框架识别（FI）和框架语义角色标注（FSRL）。单任务模型指只能完成三个子任务中某一个子任务的模型。涉及的基线模型在前文中都有介绍，本节不再赘述。在实验结果分析中，主要针对几个新模型进行重点对比分析。

（1）与端到端模型的性能对比

当前，端到端框架语义分析模型主要有 FParser 和 EFSP-TE，FParser 是一种基于图构建的模型，EFSP-TE 是一种基于表格编码的模型，两个模型的基础编码器都使用 BERT。本章的方法采用两阶段的方式实现端到端框架语义分析，即完成框架语义分析需要两个模型，它们分别是 MAFC 和 MAFSRL。MAFC 实现目标词识别和框架识别，MAFSRL 实现框架语义角色标注。

表5.3 端到端框架语义分析性能对比 单位：%

数据	模型	TI			FI			FSRL		
		P	*R*	F1	*P*	*R*	F1	*P*	*R*	F1
FN1.5	FParser (pipeline)	73.17	75.47	74.3	66.08	68.15	67.06	45.91	46.7	46.3
	FParser	75.81	76.17	75.99	68.72	69.05	68.89	47.79	50.6	49.16
	EFSP-TE (pipeline)	75.95	77.55	76.74	69.05	70.48	69.76	52.03	51.36	51.69
	EFSP-TE	75.38	80.14	77.69	68.24	72.54	70.32	54.49	51.22	52.8
	MAFC+MAFSRL	**78.37**	**78.72**	**78.55**	**70.12**	**72.83**	**71.45**	53.74	**57.46**	**55.53**

续表

数据	模型	TI			FI			FSRL		
		P	*R*	F1	*P*	*R*	F1	*P*	*R*	F1
FN1.7	FParser (pipeline)	78.62	69.92	74.02	71.05	63.06	66.82	49.32	45.6	47.38
	FParser	76.16	74.98	75.56	69.39	68.3	68.84	49.09	48.81	48.95
	EFSP-TE (pipeline)	77.22	76.52	76.87	69.73	69.01	69.41	56.64	48.01	51.54
	EFSP-TE	76.29	77.6	76.94	69.32	70.49	69.9	56.69	50.36	53.34
	MAFC+MAFSRL	**78.5**	**79.89**	**79.19**	69.34	**74.62**	**71.88**	55.52	56.24	**55.88**

表 5.3 为端到端模型性能对比的实验结果，指标包括精确率（*P*）、召回率（*R*）、F1 值。结果显示，本章提出的 MAFC+MAFSRL 两阶段模型在目标词识别、框架识别和框架语义角色标注三个方面的性能都显著优于基线模型。与最新模型 EFSP-TE 相比，三个任务的 F1 值在 FN1.5 数据集上分别提升了（78.55%−77.69%）=0.86%、（71.45%−70.32%）=1.13% 和（55.53%−52.80%）=2.73%，在 FN1.7 数据集上分别提升了（79.19%−76.94%）=2.25%、（71.88%−69.90%）=1.98% 和（55.88%−53.34%）=2.54%。

虽然 EFSP-TE 和 MAFC 模型都将词元与框架的关系信息以突显性向量的方式注入模型编码器中，但 MAFC 将突显性向量与悬浮标记相结合，能够清晰地区分单个词与短语，所以显著提升了目标词识别和框架识别的性能。表 5.3 中 EFSP-TE（pipeline）是 EFSP-TE 的两阶段版本，与本章的阶段划分方式相同，结果显示，MAFC 模型的性能显著优于 EFSP-TE（pipeline），说明本章的方法能够比较充分地利用词元知识。在消融实验分析中将会继续讨论 MAFC 模型中各组成模块的作用，从而进一步分析 MAFC 模型。

如表 5.3 所示，本章的 MAFC+MAFSRL 两阶段模型在框架语义角色标注方面也取得了较大的性能提升，但由于框架语义角色标注的结果依赖于目标词识别与框架识别的性能，所以该性能优势一方面归功于 MAFC 的性能提升，另一方面归功于 MAFSRL 模型性能的提升，但二者各自的贡献大小还需要在单任务对比实验中进行进一步分析。

（2）与单任务模型的性能对比

因为已有模型大多针对框架语义分析三个子任务中的单个任务进行研究，因此，为了验证本章提出的方法是否具有良好的通用性，本小节设计了与已有单任务模型的对比实验，包括 MAFC 模型与目标识别和框架识别模型的对比，MAFSRL 与框架语义角色标注模型的对比。

① 与目标词识别模型的对比。MAFC 与目标词识别模型的对比结果如表 5.4 所示，结果分为两部分，第一部分为目标词识别模型的性能，第二部分为目标词与框架联合识别模型在目标词识别上的性能。FParser（target）和 MAFC（target）为目标词和框架联合识别模型的单任务版本，即只完成目标词识别的模型，同时，模型名称中包含（target&frame）的模型为目标词和框架联合识别模型。

表5.4　目标词识别模型F1值对比　　单位：%

模型	FN1.5	FN1.7
Semafor	45.50	—
Open-Sesame	73.23	73.25
Bastianelli et al.	74.96	—
FParser（target）	76.09	75.34
MAFC（target）	**78.13**	**78.18**
FParser（target&frame）	76.47	75.88
EFSP-TE（target&frame）	76.50	76.87
MAFC（target&frame）	**78.55**	**79.19**

实验结果表明，基于标记注意力的 MAFC（target）和 MAFC（target&frame）模型显著优于其他对比模型，充分说明了本章所提方法的有效性。基于表格编码的 EFSP-TE（target&frame）模型虽然也使用了突显性向量，但由于其在突显性向量构建以及编码方式上的局限性，并未能充分发挥突显性向量的作用。此外，结果还表明，将目标词识别和框架识别进行联合建模有利于提高目标词识别的性能，因为采用联合建模的 FParser 和 MAFC 在性能上都优于对目标词识别进行单独建模的模型（target）。

② 与框架识别模型的对比。基于 MAFC 模型结构，实验在给定目标词的情形下，构建了框架识别模型 MAFC（frame），并在两个数据集上进行了验证，结果如表 5.5 所示。实验结果分为三个部分：第一部分为采用传统方法构建的模型，这些模型未使用 BERT；第二部分为采用 BERT 作为基础编码器的模型；第三部分为使用了框架定义、框架结构等框架语义知识的框架识别模型。

结果表明，基于标记注意力的 MAFC（frame）模型在所有未使用框架定义的框架识别模型中取得了最优的性能，且与使用框架定义的 KGFI 模型相比，性能差距也较小（92.27%−91.84%=0.43%）。

上述对比实验表明 MAFC 模型具有良好的适应性，既能够适应目标词识别和框架识别联合建模任务，也能够适应单独的目标词识别和框架识别任务。

表5.5 框架识别准确率（Acc）对比 单位：%

模型	FN1.5	FN1.7	平均
Semafor	83.60	—	83.60
Hermann-14	88.41	—	88.41
SimpleFrameld	87.63	83.00	85.32
Open-Sesame	86.40	86.55	86.48
NeurboParser	90.00	89.10	89.55
Bastianelliet al.	89.90	—	89.90
Chen et al.	90.50	90.10	89.90
FParser	90.62	90.64	90.63
PAFIBERT	91.65	91.11	91.38
TaRFSP	91.40	91.30	91.35
MAFC（frame）	**91.89**	**91.78**	**91.84**
KGFI（2021）	**92.13**	**92.40**	**92.27**

③ 与框架语义角色标注模型的对比。为了公平对比，根据采用评价指标的不同将对比实验分为两组，第一组是采用传统 F1 值作为评价指标的模型，结果如表 5.6 所示；第二组是采用全结构评价指标（包括精确率 FP、召回率 FR 和 FF1 值）的模型，结果如表 5.7 所示。

表5.6 框架语义角色标注F1值对比 单位：%

模型	FN1.5	FN1.7
Semafor	59.10	—
Kshirsagar 等人提出的模型	63.10	—
Yang and Mitchell	65.50	—
Open-Sesame	59.48	61.36
Swayamdipta 等人提出的模型	69.10	—
Marcheggiani and Titov	69.3	—
Kalyanpur 等人提出的模型	—	72.00
Bastianelli 等人提出的模型	72.85	—
FParser	73.28	72.06
Zheng 等人提出的模型	71.59	—
EFSP-TE（role）	71.89	72.22
MAFSRL	**73.43**	**73.41**

表 5.6 中第一部分为未使用 BERT 的传统模型，第二部分为以 BERT 作为基础编码器的模型。结果显示，MAFSRL 模型在两个数据集上都取得了最优的性

能。EFSP-TE（role）是EFSP-TE模型的框架语义角色标注版本，其性能显著低于MAFSRL，因为EFSP-TE存在语义混淆问题，其采用表格编码器一次性识别出句子中所有的论元及其角色，这会造成当同一潜在论元为不同目标词的共享论元时，其表示的区分度较低，模型难以区分其所充当的语义角色。MAFSRL每一次识别只针对一个目标词及其相关潜在论元，避免了潜在论元表示共享造成的不易区分问题。此外，MAFSRL在预处理阶段使用了两种剪枝策略，对真实论元的保留程度在98.5%以上。而EFSP-TE（role）是一个两阶段模型，第一阶段为潜在论元识别，该阶段虽然能够识别出更多无关的论元，但真实论元的保留程度只能达到89%，远低于98.5%，造成了比较明显的论元丢失问题。

如表5.7所示，与当前最新的基于查询的AGED模型相比，MAFSRL在综合性能指标FF1上也具有一定的优势。AGED采用类似于阅读理解的模型结构，即将框架定义拼接到待标注的句子后面一起送入编码器，然后以定义中包含的角色名称为查询项在待标注句子中查找相应的论元。但这种方法忽略了一个句子中同一角色可能出现多次的情况，因为一个查询项只能得到一个结果。MASRL采用关系分类的形式，即根据目标词与潜在论元在上下文中的语义关系信息进行分类，只要具有类似的语义关系信息，就可以预测为同一类型的角色。此外，从FP和FR指标来看，MAFSRL模型的性能优势主要来源于准确率的提升，说明该模型能够更准确地预测潜在论元的语义角色类型。

表5.7　框架语义角色标注全结构评价指标对比　　单位：%

模型	FN1.5			FN1.7		
	FP	FR	FF1	FP	FR	FF1
AGED	71.93	76.78	74.28	74.02	75.46	74.73
MAFSRL	**74.00**	76.02	**75.00**	**76.25**	74.52	**75.38**

④ 与大语言模型的性能对比。大语言模型（large language models, LLMs）在多个自然语言处理任务上取得了可与人类表现相媲美的性能表现，但鲜有针对框架语义分析任务的大语言模型性能分析。为此，实验选取了框架语义分析中最具挑战性的子任务FSRL在大语言模型上进行实验，以期探索大语言模型在框架语义分析任务上的性能表现。实验采用了大语言模型Llama2-13B-chat作为基础模型，构造了面向框架语义角色标注任务的提示（prompt）模板。模板由背景知识提示、样例提示和指令提示三部分组成。背景知识提供了关于当前目标词、框架名称、框架定义、框架元素和框架元素定义的信息；样例提示提供了5个（句子，标注）样例（demonstration）；指令提示提供了例句和标注要求指令。以下为

完整的提示模板："Given the frame '[fname]' evoked by the target '[target]', it includes the following roles: [role-1],[role-2], ⋯, [role-*n*]. Frame '[fname]' refers to [frame definition]. [role- 1] refers to⋯; [role-2] refers to⋯; ⋯; [role-*n*] refers to⋯Here are several annotation examples: [demonstration]. Please extract the frame semantic roles around the target word '[target]' from the sentence: '[sent]', in the form of a. sentence: b. annotations:"。

在提示模板中，[·]为占位符，在预测时根据句子的不同，占位符所在位置的信息会被相应的信息替换。[fname]、[target]、[demonstration]、[sent] 分别为框架名称、目标词、样例列表和句子占位符。[role−i] 为框架元素占位符，其中，i 表示第 i 个框架元素。图 5.7 为句子"The only thing I did know for sure was here's a chance to change things for me and my children"在大语言模型中进行框架语义角色标注的提示模板，该句指定的目标词为"know"，目标词激起的框架为"Awareness"。

#background knowledge
Given the frame '**Awareness**'evoked by the target '**know**',it includes the following roles: [Cognizer], [Content], [Evidence], [Topic], [Degree], [Manner], [Expressor], [Role], [Paradigm], [Time], [Explanation], Frame 'Awareness' refers to A [Cognizer] has a piece of [Content] in their model of the world. [Cognizer] refers to⋯. [Content] refers to⋯. ⋯. [Explanation] refers to⋯.

#Demonstration
Here are several annotation examples:
a. sentence: But we all know how that story turned out.
b. annotations: [Cognizer]: we all; [Content]: how that story turned out;
a. sentence: Step out of the hotel and your senses will be bombarded by a range of sights , sounds , smells, tastes , and textures that let you know that you could only be in Jamaica .
b. annotations: [Cognizer]: you; [Content]: that you could only be in Jamaica;

#Instruction
please extract the frame-semantic roles around the target word 'know'from the sentence: **'The only thing I did know for sure was here 's a chance to change things for me and my children**', in the form of a. sentence: b. annotations: like the examples.

图 5.7 在 Llama-2-13B-chat 上的框架语义标注提示（prompt）样例

表 5.8 展示了 MAFSRL 和基于 Llama2-13B-chat 的模型在框架语义分析测试集上的实验结果，Llama2-13B-chat 模型使用了含 demonstration 的模板，而 Llama2-13B-chat（w/o demonstration）模型的模板中未使用样例。结果显示，MAFSRL 在测试集上的性能显著优于基于 Llama2-13B-chat 的两个模型，造成性能差距较大的主要原因可归结为以下两个方面：一是框架语义角色的语义粒度较细，Llama2-13B-chat 模型不能够区分它们之间的差异；二是框架和角色的定义描述普遍比较抽象，Llama2-13B-chat 模型不能准确理解它们的语义。结果同时表明，框架语义分析是一个极具挑战性的语义分析任务。

表5.8 MAFSRL与Llama2-13B-chat在框架语义角色标注上的性能对比 单位：%

数据	模型	*P*	*R*	F1
FN1.5	**MAFSRL**	**74**	**76.02**	**75**
	Llama2-13B-chat	20.64	37.11	26.56
	Llama2-13B-chat (w/o demonstration)	10.94	21.12	14.41
FN1.7	**MAFSRL**	**76.25**	**74.52**	**75.38**
	Llama2-13B-chat	22.18	38.34	28.1
	Llama2-13B-chat (w/o demonstration)	10.84	21.2	14.35

此外，实验还通过增加提示样例数量的方式在 Llama2-13B-chat 上进行了实验分析，结果显示增加更多的提示样例（由 5 个分别增加到 6、7、8、9、10 个）并不能显著提升模型的性能，甚至会引起性能的下降。提示模板中的背景知识对模型性能具有较大的影响，其中，框架定义对性能的影响最大。本实验对大语言模型在框架语义分析任务上的性能进行了初步分析，得到了一些初步的结论，如何利用大语言模型进行框架语义分析还需要在未来的工作中进行更深入的研究。

5.5.3 消融实验结果

为了验证框架分类模型中各组成模块对模型性能的影响，我们在两个实验数据集上进行了消融实验，分别对 MAFC 和 MAFSRL 模型进行消融分析。

（1）MAFC 模型消融实验

MAFC 模型消融实验分析主要分析方向注意力、突显性向量、悬浮标记等对模型性能的影响，实验结果如表 5.9 所示。

表5.9 MAFC模型框架分类消融实验结果 单位：%

数据	模型	TI			FI		
		P	*R*	F1	*P*	*R*	F1
FN1.5	**MAFC**	78.38	78.72	**78.55**	70.12	72.83	**71.45**
	w/o directional attention	77.34	77.71	77.53	70.65	70.98	70.81
	w/o saliency embedding	76.5	76.51	76.5	69.59	69.6	69.59
	w/o paired markers	78.3	74.23	76.21	73.6	66.87	70.07
	w/o all of the three	77.12	74.44	75.75	69.87	68.41	69.13
	MAFC (single marker)	77.16	79.29	78.21	69.63	71.54	70.57
FN1.7	**MAFC**	78.5	79.89	**79.19**	69.34	74.62	**71.88**
	w/o directional attention	78.89	77.42	78.15	72.23	70.88	71.55
	w/o saliency embedding	76.94	76.08	76.51	69.89	69.11	69.5
	w/o paired markers	77.88	76.82	77.35	70.66	69.71	70.18
	w/o all of the three	77.64	73.91	75.73	70.33	66.95	68.6
	MAFC (single marker)	78.53	76.82	77.67	71.1	69.56	70.32

① 方向注意力对性能的影响。当从 MAFC 模型中移除方向注意力（w/o directional attention）模块时，模型的注意力矩阵 $\boldsymbol{A}$ 中的两个组成部分 $\boldsymbol{A}_{12}$ 和 $\boldsymbol{A}_{22}$ 都为全 0 矩阵，此时目标词识别和框架识别在两个数据集上的 F1 值下降的平均值分别为 $[(78.55\%-77.53\%)+(79.19\%-78.15\%)]/2=1.03\%$ 和 $[(71.45\%-70.81\%)+(71.88\%-71.55\%)]/2=0.49\%$。结果表明，使用方向注意力有助于将标记与其关联的跨度进行深度绑定，将标记中携带的突显性信息与跨度的上下文信息进行融合，提高跨度的语义表示能力，从而提高模型的识别性能。

② 突显性向量对性能的影响。当从 MAFC 模型中移除突显性向量（w/o saliency embedding）模块时，即突显性向量中的每个值都设为 0，此时目标词识别和框架识别的 F1 值显著下降，在两个数据集上下降的平均值分别为 2.37% 和 2.12%。结果表明，使用突显性向量的方式能够简单高效地将词元与框架的关联知识注入模型，同时也表明将突显性向量与悬浮标记相结合的方式能够更好地发挥知识对模型的指导作用，因为 MAFC 模型的性能显著优于 EFSP-TE 模型。

③ 悬浮标记对性能的影响。当从 MAFC 模型中移除配对悬浮标记（w/o paired markers）模块时，模型的输入只包含 Token 序列部分，注意力矩阵为 $\boldsymbol{A}_{11}$、突显性向量的设置方法与 EFSP-TE 模型相同，且模型在分类时只使用跨度的起始 Token 和终止 Token 表示的拼接作为分类模块的输入。此时目标词识别和框架识别的 F1 值显著下降，在两个数据集上下降的平均值分别为 2.09% 和 1.54%。

为了验证悬浮标记数量对模型性能的影响，实验构建了 MAFC（single marker）模型，该模型使用单悬浮标记代替配对悬浮标记，即使用一个悬浮标记与一个跨度相关联，同时对注意力矩阵 $\boldsymbol{A}_{21}$ 进行修改，使标记注意力指向跨度中的所有 Token（与 MAFSRL 模型中的单标记注意力机制类似）。结果显示 MAFC（single marker）在目标词识别和框架识别上的性能与 MAFC 相比具有一定的差距，但与 MAFC（w/o all of the three）相比，具有较大优势。由此可见，配对悬浮标记比单悬浮标记更具优势，更有利于融合突显性信息，从而增强潜在目标词跨度的语义表示。MAFC（single marker）与 MAFC（w/o saliency embedding）和 MAFC（w/o paired markers）相比，也具有一定的优势，说明通过单悬浮标记与突显性向量相融合的方式也有利于提升模型的性能，但性能提升的幅度不如使用配对悬浮标记时显著。此外，由于使用单悬浮标记时，标记序列的长度是使用配对悬浮标记时的 50%，因此，使用单悬浮标记时的运行效率要高于使用配对悬浮标记时的运行效率。

由此可见，将跨度的悬浮标记和跨度的边界表示进行融合，能够提升跨度的语义表示能力。具体而言，一方面通过不同的注意力机制使跨度和标记关注跨度的不同方面；另一方面是悬浮标记携带的突显性信息进一步增强了跨度的语义表示能力，将两类表示信息融合在一起能够形成更好的信息互补。因为框架识别需要区分粒度更细的语义，而目标词识别对语义表示粒度的需求较低，所以使用配对悬浮标记时模型的框架识别性能要明显优于使用单悬浮标记时的性能，而对于目标词识别，二者性能差别不大，这进一步说明配对悬浮标记在细粒度语义表示方面要优于单悬浮标记。

当从 MAFC 模型中移除方向注意力、突显性向量表示和悬浮标记（w/o all of the three）三个模块时，模型退化成了一个传统的基于边界表示的跨度分类模型，该模型在四个消融模型中性能最差。与完整的 MAFC 模型相比，目标词识别和框架识别性能在两个数据集上分别平均下降了 3.13% 和 2.80%。由此可见，构成 MAFC 模型的三个主要模块对于提升模型的性能都具有积极的作用，将三者有效结合能够实现模型性能的大幅提升。

（2）MAFSRL 模型消融实验

MAFSRL 模型的消融实验分析表明，框架类型标记和悬浮标记都有益于提高模型的性能，如表 5.10 所示。当其中一个被移除时，整体性能显著下降，而当两者（w/o both of them）都被移除时，模型 F1 值在两个数据集上表现最差，F1 值在 FN1.5 和 FN1.7 上分别下降了 75.00%−73.41%=1.59% 和 75.38%−74.42%=0.96%。将框架信息以标记的形式融合到 Token 编码中能为上下文语义建模提供有关框架的背景信息，这一信息能够形成对角色分类的软约束，使得预测的角色保持更好的语义一致性。此外，悬浮标记通过注意力机制能够捕捉跨度的局部信息，形成对基于边界信息的跨度表示的信息补充，有利于增强跨度的语义表示能力，进而提升 FSRL 的性能。

表5.10 MAFSRL框架语义角色标注消融实验结果 单位：%

数据	模型	*P*	*R*	F1
FN1.5	**MAFSRL**	74.00	76.02	**75.00**
	w/o frame markers	72.45	75.61	73.99
	w/o levitated markers	72.61	75.39	73.97
	w/o both of them	72.30	74.56	73.41
	w/o graph-based pruning	73.64	75.1	74.36
FN1.7	**MAFSRL**	76.25	74.52	**75.38**
	w/o frame markers	74.59	74.59	74.59
	w/o levitated markers	75.33	74.13	74.73
	w/o both of them	75.17	73.68	74.42
	w/o graph-based pruning	76.18	73.35	74.74

如表 5.10 所示，当移除基于图的剪枝模块（w/o graph-based pruning）时，MAFSRL 的整体性能显著下降。结果表明，基于图的剪枝方法不仅有利于减少潜在论元，提高运行效率，而且在促进角色分类的性能上也有一定的作用。性能的提升可以归功于不相关跨度数量的显著减少（剪枝率约为 50%），这有助于模型缓解对不相关论元的偏见，因为不相关论元在所有枚举的跨度中占绝大多数。

通过对开发集的分析发现，与 MAFSRL（w/o both of them）相比，MAFSRL 模型识别中等长度论元的能力显著提高。如表 5.11 所示，对于论元长度为 3 ～ 5 个单词时，模型识别的 F1 值提升最大（在两个数据集上分别达到了 1.8% 和 1.9%），其次是长度为 6 ～ 10 的论元，然后是长度为 1 和 2 的论元，最后是长度超过 11 的论元。结果进一步表明，本章提出的基于标记注意力的论元表示方法能够比较有效地通过方向注意力捕捉到论元内部的信息，增强了对较长跨度的表示，在一定程度上克服了基于边界词表示方法的不足。然而，同时也注意到，对于长度超过 11 的论元，MAFSRL 模型的识别性能的改善效果相对较小，这表明识别超长论元仍然是一个具有挑战性的问题，还需要在后续的工作中进一步探索。

表5.11　MAFSRL随论元长度变化的F1值提升率　　单位：%

论元长度	1	2	3 ～ 5	6 ～ 10	⩾ 11
FN1.5	1.1	1.1	1.8	1.4	0.1
FN1.7	1.2	1.1	1.9	1.6	0.1

5.5.4　运行效率分析

研究表明，预训练语言模型（如 BERT）计算量的增加几乎与输入序列长度成线性关系。然而，随着序列长度的继续增长，由于自注意力模块的存在，计算量将呈二次增长。换句话说，如果序列增加的数量保持在合理范围内，增加的计算量是有限的。

为了进一步定量分析标记序列长度对模型性能的影响，本节设计对 MAFC 模型进行效率的实验，结果如表 5.12 所示。表中展示了不使用标记（no marker）、使用单标记（single marker）和配对标记（paired markers）三种情形下 MAFC 模型的运行时间。由于只有特定词性（如动词、名称、形容词等）的单词才能作为目标词，所以模型根据词性对潜在目标词进行了限制；同时实验还使用与潜在论元生成相同的基于依存图的剪枝方法对潜在目标词跨度进行剪枝。因此，对于上述三种设置，它们对应的标记序列长度分别为 0、$O(\max\_\text{target}\_\text{len} \times n \times 50\%)$ 和 $O(\max\_\text{target}\_\text{len} \times n)$，其中，$\max\_\text{target}\_\text{len}$ 和 n 分别表示潜在目标词跨度的最大长度和句子长度。实验结果显示，当 $\max\_\text{target}\_\text{len} = 2$ 时，MAFC 取得了最优的性能，此时，相较于未使用标记的 MAFC（no marker）模型，单标记模型 MAFC（single marker）的标记序列长度增加了 $O(n)$，其运行时间大约增加了 2.8%；配对标记模型 MAFC（paired marker）的标记长度增加了 $O(2n)$，其运行时间增加了约 6.4%。

基于上述分析，可以得出结论：标记的插入会增加输入序列的长度，必然会导致运行时间的增加，但增加少量的标记对运行时间的影响是有限的。在实际应用中，如果对运行效率有较高要求，那么单标记模型是更好的权衡选择，因为其增加的计算量是最少的。它与无标记的模型具有类似的运行效率，同时性能要优于基线模型 FParser 和 EFSP-TE。如果对运行时间要求不高，那使用配对标记无疑是更好的选择，因为使用配对标记的 MAFC 模型虽然会增加一些运行时间，但其性能显著优于基线模型 FParser 和 EFSP-TE。

表5.12　MAFC在FN1.5测试集上的运行效率分析结果

模型	时间 /s	速度 /（句 /s）
MAFC（no marker）	10.22	97.88
MAFC（single marker）	10.50（↑ 2.8%）	95.27
MAFC（paired markers）	10.87（↑ 6.4%）	91.93

MAFSRL 模型采用了基于窗口的跨度生成和基于图的修剪方法，预先减少潜在的论元跨度，确保潜在论元数量最多为 $O(\text{winSize} \times \text{maxLen} / 2)$，且该模型使用单标记来关注句子中的潜在论元，因此标记序列长度等于潜在论元跨度的数量。通过分析 FN1.5 测试集发现，每个目标词平均有约 100 个潜在论元，因此，标记序列的平均长度大约为 100。与最先进的 FSRL 模型 AGED 相比，MAFSRL 中的标记序列长度约为框架定义序列长度（平均约 300 个单词）的三分之一。换句话说，与 AGED 相比，MAFSRL 的输入序列（Token 序列和标记序列）要小得多。因为 AGED 将框架定义与句子连接后一起输入编码器中，其输入序列长度为句子和框架定义长度之和。总之，虽然插入一组单个标记会增加 MAFSRL 模型输入序列的长度，导致与无标记模型相比运行时间有一定的增加，但增加的数量也是有限的，且 MAFSRL 模型总的输入序列长度远远小于 AGED 模型。

在实际运行中，除了序列长度外，还有几个因素会影响模型的运行效率，包括网络结构、运行设置等。MAFC 和 MAFSRL 模型都采用 BERT 作为编码器，然后使用单层线性网络作为分类器，没有额外的复杂模块，因此，模型结构简单，对于提高运行效率是有利的，可以在一定程度上弥补因增加序列长度而导致运行时间的增加。总之，尽管当前无法公平合理地与已有模型进行直接的运行效率比较，但基于以上分析，可以认为本章构建的模型在少量增加或并无显著增加总体运行时间的同时实现了显著的性能提升。

5.6 样例分析

本小节通过两组样例对本章所提方法进行进一步分析，以便更加直观地展示其特点。

（1）关系混淆样例分析

EFSP-TE 模型存在关系混淆问题，当同一论元跨度在不同框架下充当不同角色时，EFSP-TE 对该类论元的识别能力较差，往往会造成这些论元的丢失。图 5.8 是从测试数据中随机抽取的两个包含论元重叠的例句，例句中存在同一论元在不同框架中充当不同角色的情形，如论元“the Gulf regimes”在框架“Grant_permission”、“Reliance”和“Attack”三个框架中分别充当的角色为“Grantee”、“Protagonist”和“Assailant”，也称这三个角色重叠。图中每个例句下面的三个矩形块分别对应该例句中包含的真实框架语义结构、MAFC+MAFSRL 模型预测的结果、EFSP-TE 模型预测的结果，图中带下划线的（论元，角色）对为重叠角色。通过对比预测结果，MAFC+MAFSRL 模型与 EFSP-TE 模型相比，在（目标词，框架）预测正确的情形下，能够预测出更多的（论元，角色）对，且能够预测出更多的重叠角色，即本章的方法比较好地解决了 EFSP-TE 模型存在的关系混淆问题。

（2）错误传播样例分析

多阶段方法通常被认为存在错误传播问题。然而，对于本章的两阶段框架语义分析方法，错误传播问题并不显著。换句话说，即使 MAFC 模型将某一目标词的框架预测错误，也不一定导致 MAFSRL 模型错误地预测其对应的论元与角色。例如，在图 5.9 的两个例句中，目标词“thought”和“move”对应的框架被 MAFC 模型错误预测（第一个矩形块对应真实的结果，第二个矩形块对应框架预测的结果），但 MAFSRL 模型预测的论元及其角色大多是正确的，只有例句 1 中“Content”角色预测错误。这种现象的出现主要是由框架语义分析任务的特点决定的：一是框架之间存在多种框架关系，如继承、使用、子框架等，存在直接框架关系的两个框架所表达的语义接近，往往共享一些角色；二是框架语义角色存在一些可以被多个框架共享的（公共）的角色，如时间、地点等。

1.However,he allowed the Gulf regimes to depend on the infidels in attacking Saddam Hussein.

(allowed,**Grant_permission**){
(he,*Grantor*),
(the Gulf regimes,*Grantee*),
(to depend on the infidels in attacking Saddam Hussein,*Action*)}
(regimes,**Leadership**){
(Gulf,*Governed*)}
(depend,**Reliance**){
(the Gulf regimes,*Protagonist*),
(on the infidels,*Intermediary*),
(in attacking Saddam Hussein, *Means*)}
(attacking,**Attack**){
(the Gulf regimes,*Assailant*),
(Saddam Hussein,*Victim*)}
	(allowed,**Grant_permission**){
	(he,*Grantor*),
	(the Gulf regimes,*Grantee*),
	(to depend on the infidels in attacking Saddam Hussein,*Action*)}
	(depend,**Reliance**){
	(the Gulf regimes,*Protagonist*),
	(on the infidels,*Instrument*),
	(in attacking Saddam Hussein, *Purpose*)}
	(attacking,**Attack**){
	(the infidels,*Assailant*),
	(Saddam Hussein, *Victim*)}
		(allowed,**Grant_permission**){
		(he,*Grantor*),
		(to depend on the infidels in attacking Saddam Hussein,*Action*)}
		(depend,**Reliance**){
		(on the infidels,*Instrument*),
		(in attacking Saddam Hussein, *Purpose*)}
		(attacking,**Attack**){
		(Saddam Hussein, *Victim*)}

2.Oh yeah,I have got the dog and two kids waiting here.

(got,**Possession**){
(I,*Owner*),
(he dog and two kids waiting here, *Possession*)}
(two,**Cardinal_number**){
(two,*Number*),
(kids,*Entity*)}
(kids,**Kinship**){
(kids,*Alter*)}
(waiting,**Wainting**){
(the dog and two kids,*Protagonist*),
(here,*Place*)}
	(got,**Possession**){
	(I,*Owner*)}
	(two,**Cardinal_number**){
	(two,*Number*),
	(kids,*Entity*)}
	(kids,**Kinship**){
	(kids,*Alter*)}
	(waiting,**Wainting**){
	(the dog and two kids,*Protagonist*),
	(here,*Place*)}
		(got,**Possession**){
		(I,*Owner*)}
		(two,**Cardinal_number**){
		(two,*Number*),
		(kids,*Entity*)}
		(kids,**Kinship**){}
		(waiting,**Wainting**){
		(two kids,*Protagonist*)}

图 5.8　框架语义分析结果对比样例

1.I **thought** i heard a holler there in the background bur i was n't sure.
(a)(thought,*Cogitation*){
(I,*Cognizer*),
(i head a holler there in the background, *Topic*)
}
(b)(thought,*Awareness*){
(I,*Cognizer*),
(i head a holler there in the background,Content)
}
2.They would have to **move** it to Taiwan for people not to know about it practically.
(a)(move,*Cause_motion*){
(it,*Theme*),
(to Taiwan,*Goal*)
}
(b)(move,*Motion*){
(it,*Theme*),
(to Taiwan,*Goal*)
}

图 5.9　单目标词框架语义分析样例

例如，在例句1中，框架Mental_activity被框架Awareness继承（Inheritance），而框架Cogitation使用（Using）了框架Mental_activity。这里,“继承”和“使用”为两种框架关系。由于框架Awareness和Cogitation共享相同的角色Cognizer，所以即使预测的框架是错误的，但论元“I”的角色Cognizer能够被正确预测。在例句2中，由于框架Cause_motion和框架Motion之间的关系为因果关系“causative of”，它们共享Theme和Goal等角色，所以即使预测的框架是错误的，语义角色却能够被正确预测。

第二组样例分析可以说明，鉴于框架语义分析任务的特点，采取两阶段的方式进行框架语义分析具有合理性。样例分析还可以为未来工作带来如下启示：首先，在构建第一阶段（框架分类）模型时，应当充分考虑框架之间的关系，突显不同框架之间的语义关系；其次，在构建第二阶段（框架语义角色标注）模型时，应当充分考虑不同角色（共享和非共享）的特点，突显角色与框架之间的语义关系。

5.7 本章小结

本章提出了一种基于标记注意力的两阶段框架语义分析方法，并构建了MAFC和MAFSRL两个模型，分别实现目标词与框架的联合识别，以及框架语义角色标注。该方法使用悬浮标记实现知识的融合和跨度表示的增强，显著提升了目标词识别和框架识别能力；该方法使用固定标记融合框架信息，使用悬浮标记捕捉长论元跨度内部的语义信息，两类标记的融合使用提升了模型对（论元，框架）关系对的语义表示能力，从而提升了框架的角色分类能力。该方法在不使用额外复杂的计算模块的情形下，仅通过改变BERT模型的输入和注意力矩阵实现了当前最好的框架语义分析性能。在FN1.5和FN1.7两个数据集上的实验验证了所提方法的有效性。实验结果表明，本章提出的方法能够很好地克服端到端EFSP-TE模型存在的词元知识融合不充分、跨度信息表示不充分以及关系混淆问题，并显著提高了端到端场景下的框架语义分析性能。

第 6 章

基于大语言模型的框架语义分析方法

近年来，以 GPT、DeepSeek 等为代表的大语言模型（large language models, LLMs，简称为大模型）的突破性进展，显著推动了自然语言处理（natural language processing, NLP）领域的技术革新和产业应用。这些模型基于自回归的预训练机制，通过对海量文本语料的深度语义挖掘和模式学习，展现出三大核心能力：其一，具备卓越的零样本和少样本学习能力，使其仅需少量示例甚至无需示例即可完成未见任务；其二，展现出强大的指令遵循能力，能够理解并执行自然语言指令；其三，具有优异的跨任务泛化性能，可灵活应对多样化的语言理解和生成任务。此外，大模型还具有良好的通用性，可作为强大的基础模型快速适配各类下游任务，显著降低了 NLP 应用开发的门槛。

研究表明，大模型在诸多自然语言处理任务上取得了卓越的性能，但其在框架语义分析任务上的能力还有待于进行深入而全面的探索。已有的框架语义分析研究表明，框架的语义比较抽象，且框架语义角色的粒度较细，所以框架语义分析是一项极具挑战的语义分析任务。鉴于大模型强大的能力，有必要探究基于大模型的框架语义分析方法，以期利用大模型的基础能力进一步提升框架语义分析的性能。随着参数规模的不断增大，大模型的能力更强，但对计算资源的要求更高，在实践中实施的代价太大。因此，本章将聚焦低计算资源要求场景下的基于大模型的框架语义分析方法，包括零样本框架语义分析方法、少样本框架语义分析方法和基于指令微调的框架语义分析方法，系统介绍每一种方法的原理、实施过程和实验结果。

6.1 相关工作

目前关于大模型框架语义分析的研究主要集中在框架语义分析能力评估方面，得出了一些初步的结论，评估的模型涉及 ChatGPT、DeepSeek、Llama 等多个主流大模型，评估数据涉及中文框架语义分析数据集 CFN2.0 和英文框架语义分析数据集 FN1.7。

高俊杰等人分别评估了零样本和少样本场景下大模型的框架识别、论元范围识别和论元角色识别三个框架语义分析子任务的性能，评估使用了 ChatGPT、Gemini 和 ChatGLM 三个大模型，提示使用了思维链策略。受限于大模型的使用成本，实验仅使用了从 CFN2.0 测试集中随机抽取的 100 个测试数据，涉及 50 个不同的框架，每个框架随机采样了 2 个例句。评估结果显示，在提示的输入数据中突显目标词，在提示中加入思维链对提升模型的性能具有积极影响。

Jacob Devasier 等人重点评估了大模型在框架语义角色标注任务上的性能，

分析了输入数据的格式、模型架构对性能的影响。实验使用英文 FN1.7 数据集，测试的大模型有 GPT-4o、DeepSeek-v3、Qwen2.5 等，覆盖了 0.5B 到 78B 参数的大模型。实验结果显示，JSON 格式的数据表示优于其他格式（如 Markdown、XML）；虽然大体上模型规模越大表现越好，但经过微调的规模较小的大模型也能获得具有竞争力的结果；尽管大模型展现出强大的泛化能力，但它们在处理领域外数据时仍存在困难。

上述两项工作针对大模型的框架语义分析能力进行了评估，在一定程度上反映了大模型在语义分析方面的能力，但分析还不够系统和全面。本章将全面和系统地介绍基于大模型的框架语义分析方法，包括零样本、少样本和指令微调三种场景下的框架语义分析方法，重点讨论融合框架语义知识的提示设计和指令设计原则与方法，分析框架语义知识在基于大模型的框架语义分析方法中的重要作用。此外，还将讨论指令微调策略与跨领域指令数据利用的问题。

6.2 零样本和少样本框架语义分析方法

零样本与少样本框架语义分析的关键是设计针对任务的提示，提示是使用自然语言描述的任务指令，大模型通过执行指令完成相应的任务。针对特定任务设计合适的任务提示，这一过程被称为“提示工程”，主要包括人工设计提示和自动提示优化两种思路。自动提示优化将提示设计建模为一个机器学习问题，通过最优化方法搜索最优提示的参数化表示，需要依赖于大量数据和参数学习，不适合零样本和少样本场景下的任务。因此，本节重点介绍人工提示设计的要素和原则，在此基础上，进一步介绍零样本和少样本场景下的框架语义分方法。

6.2.1 提示设计的要素与原则

一般而言，针对大模型的提示设计需要考虑四个关键要素，即任务描述、输入数据、上下文信息和提示策略。下面将对这四个关键要素进行具体介绍。

（1）任务描述

任务描述是用自然语言描述的要求大模型遵循的具体指令。一般来说，用户应该使用清晰的、具体的表达来描述任务目标和要求。模棱两可的任务描述很可能导致模型产生不准确甚至错误的回答。因此，在使用大模型时需要给出清晰明确的指令。具体来说，一个清晰详尽的任务描述中应当包含任务的各种要素信息，如任务目标（例如：识别指定目标词激起的框架）、输入 / 输出格式或要求（例如：以 XML 格式输出结果）、回复限制（例如：回复长度不能超过 50 个单词）。通过提供清晰的任务描述，大模型可以更好地理解给定任务并生成所需的输出结果。

对于比较复杂的任务，应将任务分解为若干个相对独立但又相互关联的子任务，每个子任务对应原始任务的某个方面或步骤。特别地，可以显式地将子任务按编号列出（例如，“步骤 1.……; 步骤 2. ……; 步骤 3. ……”），这种策略有助于清晰描述每一个子任务，从而减小复杂任务的解决难度。在撰写指令描述时，通过将复杂任务分解为若干个子任务，并要求模型按照一定的顺序处理这些子任务，有利于模型通过逐步求解每个子任务并获得最终答案。框架语义分析通常由目标词识别、框架识别、框架语义角色标注三个子任务构成，在撰写任务描述时可采用多任务分解策略。

对于输出结构比较复杂的任务，还需要对输入或输出的格式进行更详细的说明，可以使用关键词或者特殊符号来强调特殊设置以指导大模型更好地完成任务。对于框架语义分析输出的格式设置通常采用 Markdown、XML tags、JSON、Mixture（混合）模式等格式，以指导大模型输出格式规范的框架语义分析结果。例句“我从约翰那里得到了两个哨子（I got two whistles from John）”的目标词为“得到（got）”时，激起“获得（Getting）”框架，不同格式框架语义角色标注结果如表 6.1 所示。

表6.1　框架语义角色标注结果格式示例

格式类型	中文样例	英文样例
Markdown	- 接受者 : 我 - 转移体 : 两个哨子 - 起点 : 从约翰那里	-Recipient: I -Theme: two whistles -Source: from John
XML tags	< 接受者 > 我 </ 接受者 >< 起点 > 从约翰那里 </ 起点 > 得到了 < 转移体 > 两个哨子 </ 转移体 >	<Donor> I </Donor> got <Theme> two whistles </Theme> <Source> from John </Source>
JSON	{“接受者”:“我”,“转移体”:“两个哨子”,“起点”:“从约翰那里”}	{“Recipient”:“I”,“Theme”:“two whistles”,“Source”:“from John”}
Mixture	<r> 接受者 :“我”</r> <r> 转移体 :“两个哨子”</r> <r> 起点 :“从约翰那里”</r>	<r>Recipient: “I” </r> <r>Theme: “two whistles” </r> <r>Source: “from John” </r>

（2）输入数据

通常情况下，用户可以直接使用自然语言描述输入数据的内容。对于特殊形式的输入数据，则需要采用合适的方法使其能够被大模型读取和理解。在框架语义分析任务中，为了使大模型能感知到哪个词是目标词，在输入数据中可使用特殊标记标识目标词，通常在输入文本中插入配对标记 <t>…</t> 标识目标词。例如，在输入文本“住房城乡建设部将在全国选择四十家大型建筑施工企业 <t> 给予 </t> 重点支持”中使用配对标记 <t>…</t> 标识目标词“给予”。

（3）上下文信息

除任务描述和输入数据外，上下文信息对某些特定任务也非常重要。在框架语义分析任务中，上下文信息通常包括两个方面：一是框架语义知识，如框架定义、框架元素、框架元素定义等；二是框架语义分析前序子任务的信息，如在框架语义角色标注任务中可将前序子任务框架识别的结果作为上下文信息。在引入外部信息时，需要对这些信息进行合适的格式化，以加强大模型对它们的利用。

在少样本场景下，上下文信息还包括一个或多个示例数据以便模型进行上下文学习。大模型可以通过这些示例数据学习任务目标、输出格式以及输入和输出之间的映射关系，从而使大模型通过上下文学习提升处理复杂任务的能力。

（4）提示策略

设计合适的提示策略对于激发模型解决特定任务的能力非常重要。在某些情况下，添加特定的前缀或后缀有助于引导大模型解决复杂任务。例如，使用前缀“让我们一步一步地思考”可以激发大模型的逐步推理能力，而使用前缀“你是这项任务（或这个领域）的专家”可以提高大模型在某些特定任务（或领域）中的表现。

在人工设计提示时，需要结合任务的特点，灵活地设计适应任务的提示。对于简单的任务，一般只需将任务描述清楚；对于一些特定领域的任务，需要在提示中注入与领域相关的上下文信息；对于输出结构比较复杂的任务，需要在提示中对输入或输出的格式进行精心设计；对于某些对提示策略比较敏感的大模型，还需要设计合适的提示策略。值得注意的是，上述四个要素无须全部体现在一个提示中，除任务描述是必备要素外，其他三个要素可根据需要灵活地选择。

6.2.2 零样本框架语义分析方法

零样本框架语义分析是指在不给定任何标注样本的情形下，通过合理的提示激发大模型自身的能力来完成框架语义分析任务。由于框架语义分析不仅涉及对文本抽象语义的理解，而且还涉及结构化信息提取，因此，对大模型而言，框架语义分析是一项极具挑战的任务。在不给定任何有关框架语义知识的情形下，现有大模型很难达到理想的分析效果，因此，本节重点介绍如何将框架语义知识融入提示设计中。此外，鉴于框架语义分析任务的复杂性，在零样本场景下，大模型几乎无法完成端到端框架语义分析任务，故本节主要介绍大模型在框架识别和框架语义角色标注两个子任务上的提示设计方法。

（1）框架识别任务提示设计

框架识别任务提示是在目标词给定的情形下，通过合理的提示让大模型识别出目标词在当前文本中能够激起的框架，因此，零样本框架识别任务的提示至少包括两个要素——任务描述和输入数据，任务描述描述任务的目标和要求，输入数据指定输入文本和目标词。图 6.1 为两个零样本框架识别的提示示例，每个提示由两部分信息组成，“\n”前面的信息为输入数据模板，“\n”后面的信息为任务描述模板。提示模板中两个带有灰色背景的文本为可替换部分，可分别替换为待分析文本和目标词，使用配对标记 <t>…</t> 标记目标词在待分析文本中的位置。

①中文提示示例： 给定句子“我从约翰那里<t>得到</t>了两个哨子”，“得到”为目标词。**\n** 根据 CFN 中的框架定义，该目标词能够激起哪个框架？以形式 <f>得到：frame</f> 返回结果。
②英文提示示例： Given the sentence"I <t>got</t> two whistles from John", the word "got" is the target. **\n** Based on frame definitions in FrameNet, which frame the target can evoke? Return in<f> got: frame</f> format.

图 6.1　零样本框架识别提示设计样例

虽然大模型在诸多自然语言处理任务上显示了其强大的零样本语义理解能力，但对于框架语义分析任务而言，在不提供任何框架语义知识的情形下，其框架识别的性能很难令人满意。框架语义知识库（如 FrameNet、CFN）中存储有丰富的框架语义知识，在零样本框架识别场景中，这些知识可用来指导或约束模型输出，从而缩小输出的搜索空间，提高模型在框架识别任务上的性能。因此，可进一步在框架识别的提示中以上下文信息的形式融入框架语义知识，可融入的框架语义知识包括以下两个方面：

① 候选框架。候选框架指目标词可能激起的所有框架的集合，可通过检索知识库获得该集合。例如，单词“get”在 FrameNet 中检索到的候选框架集合共包含 10 个框架，分别是：Board_vehicle、Grasp、Arriving、Giving_birth、Transition_ to_state、Bringing、Disembarking、Getting、Intentional_deception、Come_down_with。词语“得到”在 CFN 中检索到的候选框架集合共包含 6 个框架，分别是：获得、获奖、位移、包括、印象、过渡到一种状态。

② 框架定义。框架定义指每一个候选框架在框架语义知识库中对应的定义，该定义通常为一段描述性的文本。例如，框架“获得（Getting）”在 FrameNet 中的定义为：“A Recipient starts off without the Theme in their possession, and then comes to possess it. Although the Source from which the Theme came is logically necessary, the Recipient and its changing relationship to the Theme is profiled.”。该框架在 CFN 中的定义为：“该框架以接受者为着眼点，反映接受者获得转移体的动作或过程。尽管起点在逻辑上是必需的，但接受者和转移体之间的联系是框架的主要方面。”

框架语义知识可作为上下文信息融入零样本框架语义分析提示中，融合框架语义知识后的提示模板样例如图 6.2 所示。图中第二个换行符“\n”后面的内容即为提示的上下文信息，其中包括候选框架和框架定义两部分内容，（...）表示省略了部分内容，带有灰色背景的文本为可替换文本。候选框架用来约束大模型从指定的框架列表中选择合适的框架，缩小了模型预测结果的搜索范围。框架定义用来进一步阐述每一个框架的语义，指导模型选择与当前文本中目标词语义匹配度最好的框架。

①中文提示示例：给定句子“我从约翰那里<t>得到</t>了两个哨子”，“得到”为目标词。**\n**根据 CFN 中的框架定义，该目标词能够激起哪个框架？以形式<f> 得到: frame</f>返回结果。**\n** 答案只能是以下框架之一：获得、获奖、位移、(...)。**\n**每个框架的定义如下：获得：该框架以接受者为着眼点，反映接受者获得转移体的动作或过程，(...)。获奖：参赛者因其参与赛事名称的结果而获得奖励，赛事名称需进行广义识解，(...)。(...)

②英文提示示例：Given the sentence“I <t>got</t> two whistles from John”, the word “got” is the target. **\n** Based on frame definitions in FrameNet, which frame the target can evoke? Return in <f>got: frame</f> format. **\n** The answer should be only one of the following frames: Board_vehicle, Grasp, Arriving, Giving_birth,(…). **\n** Definition for each frame is as follows: Board_vehicle: A Traveller boards a Vehicle that they intend to use as a means of (…).Grasp: A Cognizer possesses knowledge about the workings, significance, or meaning of (…).(…)

图 6.2　融合框架语义知识的零样本框架识别提示设计样例

（2）框架语义角色标注任务提示设计

框架语义角色标注是在目标词和框架同时给定的情形下，通过合理的提示让大模型从文本中识别出论元以及论元在当前框架中充当的语义角色。与框架识别任务类似，零样本框架语义角色标注提示至少包括两个要素——任务描述、输入数据，任务描述反映任务的目标和要求，输入数据描述输入的文本和目标词。图 6.3 为两个零样本框架语义角色标注提示模板样例，每个提示由两部分信息组成，“\n”前面的信息为输入数据模板，“\n”后面的信息为任务描述模板，提示模板中带有灰色背景的文本为可替换部分。

①中文提示示例：给定句子“我从约翰那里<t>得到</t>了两个哨子”，“得到”为目标词，其激起的框架为“获得”。**\n** 根据框架定义，请列出论元以及论元在该框架中充当的语义角色，并以 <r>论元：角色</r> 的形式返回结果。

②英文提示示例：Given the sentence“I <t>got</t> two whistles from John”, the word “got” is the target and it can evoke frame Getting. **\n** Based on the frame, list the roles and arguments for this frame. Return in <r>argument:role</r> format.

图 6.3　零样本框架语义角色标注提示模板样例

除上述两个要素外，提示中还应包括有关框架和角色知识的上下文信息，用于指导或约束大模型的输出。上下文信息中的知识主要包括以下三个方面：

① 框架定义。给定目标词在文本中激起框架的定义。

② 框架元素集合。目标词激起的框架所包含的所有框架元素构成的集合。例如，在 FrameNet 中，框架“Getting（获得）”的框架元素集合共包含 13 个元素，其中，核心框架元素 2 个，非核心框架元素 11 个。2 个核心框架元素为 Recipient（接受者）和 Theme（转移体），非核心框架元素包括 Source（起点）、Beneficiary（受益者）、Place（处所）等。在 CFN 中，框架“获得（Getting）”共包含 9 个元素，其中，核心框架元素 2 个，非核心框架元素 7 个。

③ 框架元素定义。框架元素集合中每一个元素的定义。例如，框架元素“Recipient”在 FrameNet 中的定义为“The Recipient indicates the entity that ends up in possession of the Theme.”。框架元素“转移体”在 CFN 中的定义为：“变换了拥有者的财物、资产、专利等。”

图 6.4 为两个融合框架语义知识的零样本框架语义角色标注提示模板样例，每个提示由五部分信息组成，它们之间使用“\n”进行分隔。五个组成部分分别为：输入数据、框架定义、任务描述、框架元素列表、框架元素定义。提示模板中带有灰色背景的文本为可替换文本，（…）表示省略了部分文字。

①中文提示示例： 给定句子"我从约翰那里<t>得到</t>了两个哨子"，"得到"为目标词，其激起的框架为"获得"。\n 该框架的定义为："获得：该框架以接受者为着眼点，反映接受者获得转移体的动作或过程。(...)"。\n 根据框架定义，请列出论元以及论元在该框架中充当的语义角色，并以<r>论元：角色</r>的形式返回结果。\n 每一个论元出自给定的句子，每一个角色必须出自以下角色：接受者、转移体、起点、受益者、(...)。\n 每一个角色的定义如下：接受者：指接受转移体并开始拥有它的个人、机构或工程、专利、成绩等。转移体：变换了拥有者的财物、资产、专利等。(...)

②英文提示示例： Given the sentence"I <t>got</t> two whistles from John", the word "got" is the target and it can evoke frame Getting. \n Definition for the frame is: "Getting: A Recipient starts off without the Theme in their possession, and then comes to possess it. (...) ". \n Based on the frame, list the roles and arguments for this frame. Return in <r>argument: role</r> format. \n Each argument must come from the given sentence, and each role must come from the following roles: Recipient, Theme, Source, Beneficiary, (...).\n Definition for each role is as follows: Recipient: The Recipient indicates the entity that ends up in possession of the Theme. Theme: The Theme is the object that changes possession.(...)

图 6.4 融合框架语义知识的零样本框架语义角色标注提示模板样例

6.2.3 少样本框架语义分析方法

少样本框架语义分析指在给定少量标注样本情形下，通过合理的提示激发大模型自身能力来完成框架语义分析任务。从提示设计的角度看，少样本框架语义分析是零样本框架语义分析的拓展，即在零样本提示中融入了示例数据，反过来，可将零样本框架语义分析视为少样本框架语义分析的特例，即提示中样本的数量为0。

形式化地，假设 $D_k=\{f(x_1,y_1),\cdots,f(x_k,y_k)\}$ 表示 k 个标题数据构成的示例数据集合，其中，$f(\cdot)$ 为一个模板函数，负责将示例转换成自然语言描述的示例提示，给定任务描述 I、上下文信息 C、示例数据集合 D_k 以及待分析文本 x_{k+1}，则大模型生成答案 $\hat{y}_{k+1}$ 的过程可通过下面的公式来表述：

$$\mathrm{LM}\left(I,C,f(x_1,y_1),\cdots,f(x_k,y_k),f(x_{k+1},\_)\right)\rightarrow\hat{y}_{k+1} \tag{6.1}$$

（1）示例数据的选择与排序

少样本提示中示例数据的选择和排序对大模型的输出具有重要影响。示例选择的目的是从样本集合中选取最有价值的示例，示例排序的目的是为最有价值的示例设计它们在提示中的最优排序，使这些示例能够有效激发大模型在任务上的作用。示例选择和排序通常同时进行，常见的方法包括基于相关度排序的方法、基于集合多样性的方法和基于大模型的方法等。

① 基于相关度排序的方法。该方法首先通过计算待分析文本与样本集中每一个样本的语义相似性，然后根据语义相似性对样本集中的样本进行排序。基于 k 近邻（k-nearest neighbors，k-NN）的相似度排序方法是一种常用的示例选择与排序方法。该方法实现简单，而且能够有效地选择出与目标任务实例相关的示例。具体来说，可以使用文本嵌入模型（如 BERT）将所有候选样本映射到低维嵌入空间中，然后根据这些候选样本与待分析样本的嵌入语义相似度进行排序，并选择出最相关的 k 个示例，最后将筛选出的示例融合到提示中。在实践中，这种方法通常明显优于随机选择示例的方法。

② 基于集合多样性的方法。在选择过程中，除了考虑样本与目标任务的相关性，同时也要考虑样本的多样性。基于集合多样性的方法旨在针对特定任务选择出具有代表性的、信息覆盖性好的示例集合，从而确保所选示例能够反映尽可能多的任务信息，从而为大模型的推理提供更丰富、更全面的信息。经典的基于启发式原理的 MMR 算法（maximum margin relevance，最大边际相关性）和基于行列式点过程的 DPP（determinantal point process，行列式点过程）算法是两种典型的示例选择方法，可有效提高示例集合的多样性。

③ 基于大模型的方法。该类方法将大模型作为评分器对候选样本进行评估，进而选择出优质的示例。最直接的评估方法是通过计算在加入当前示例后大模型性能的增益来评估示例的有效性，以此筛选出有效的示例。但是，这种方法需要大模型进行重复多次计算，才能选择出最优的示例集合，系统总体开销较大。

④ 基于有监督学习的方法。上述三种方法都是无监督的方法，无须训练相似度排序模型。虽然这些方法通常优于随机检索示例的方法，但由于它们没有针对特定任务的数据进行训练，所以无法充分利用特定任务的数据特征。更优的方案是使用在训练集上微调过的模型作为相似度排序函数。具体而言，在训练数据充分的前提下，首先基于完整训练集对预训练模型（如 RoBERTa）进行有监督的微调，然后利用微调模型生成的表征进行 k-NN 样本排序。在训练数据不充足或无训练数据可用的情形下，还可以根据大模型的评分结果选择出少量的正负示例用于训练一个分类器，该分类器通过正负示例学习如何准确地区分和筛选出高质量示例，从而进一步用来完成示例的选择。

在框架语义分析任务中，示例数据的选择不可利用词元和框架语义知识对示例选择方法进行约束。具体而言，对于框架识别子任务，应将示例的搜索范围限制在具有相同词元的样本内，例如，当为待分析文本“我从约翰那里 <t> 得到 </t> 了两个哨子”选择示例数据时，可从以“得到”为目标词的所有样本中选择相

关度较高的样本作为示例数据。此外，在计算相关度时，应计算词级相关度而非文本级相关度。形式化地，给定 $D=\{(x_1,y_1),\cdots,(x_n,y_n)\}$ 为样本集合，目标词为 t 的待分析文本为 x，$D(t)\subset D$ 为目标词为 t 的样本集合，则 x 的 k-NN 相似度最近邻 D_k 应该满足 $D_k\subseteq D(t)$，即 D_k 为 $D(t)$ 的子集。x 与 $D(t)$ 中第 $i\left(1\leqslant i\leqslant\left|D(t)\right|\right)$ 个样本 (x_i,y_i) 的相似度计算方法为：

$$\mathrm{sim}(x,x_i)=\mathrm{consine\_similarity}(\mathrm{BERT}(x)[\mathrm{idx}(t)],\mathrm{BERT}(x_i)[\mathrm{idx}(t)]) \quad (6.2)$$

式中，函数 $\mathrm{idx}(t)$ 表示从文本中获取目标词 t 在文本中的索引；$\mathrm{BERT}(x)$ 为获取文本的嵌入表示；$\mathrm{consine\_similarity}(\cdot)$ 为余弦相似性度量函数。该计算公式表示首先获得文本的嵌入表示，然后从嵌入表示中提取目标词的表示，最后计算目标词表示之间的余弦相似性，并以此相似性值作为待分析文本与样本的相似性度量值。

对于框架语义角色标注子任务，示例的搜索范围应限制在同一框架内。如待分析文本“我从约翰那里 <t> 得到 </t> 了两个哨子”中目标词激起“获得”框架，则选择示例数据时，应从激起框架为“获得”的所有样本中选择示例数据。除了搜索范围，在选择示例时，不仅要考虑待分析文本与样本二者之间目标词的语义相似性，还要考虑配价的一致性。例如，待分析文本“我从约翰那里 <t> 得到 </t> 了两个哨子”的目标词“得到”激起了“获得”框架，对应的角色配价结构为“接受者，起点，转移体”，换句话说，我们希望找到的示例具有相同或类似的配价结构，即在文本中“接受者”应出现在“起点”前面，而“转移体”则应出现在“起点”的后面。在实际应用中，由于待分析文本的配价结构是未知的，所以，通常采用句法信息作为“代理”来代替配价信息，即通过句法结构的相似性近似配价信息的相似性。

（2）少样本框架识别提示格式

少样本框架识别的提示设计可以简单地描述为“零样本框架识别提示 + 示例提示”，即在零样本框架识别提示的基础上再增加 k 个示例提示，每个示例提示由输入和输出两部分信息组成。图 6.5 为两个少样本框架识别提示模板样例，每个提示由“\n”分成三个部分，前两个部分分别对应零样本提示的两个组成部分（输入数据和任务描述），第三个部分为 k 个样例的示例提示，每个示例提示使用“例 + 序号”或“e.g.+ 序号”的形式标识。

示例提示是少样本提示设计与零样本提示设计的主要区别，也是少样本提示设计的关键，示例提示设计的优劣会直接影响大模型在相关任务上的性能。示例提示设计应注意以下几个方面：

①中文提示示例：给定句子"我从约翰那里<t>得到</t>了两个哨子"，"得到"为目标词。**\n** 根据 CFN 中的框架定义，该目标词能够激起哪个框架？以形式<f>得到：frame</f> 返回结果。**\n** 以下有几个例子可供参考：

例1：输入：给定句子"我从老师那里<t>得到</t>了一本珍贵的参考书"，"得到"为目标词。

输出：该目标词激起了框架<f>得到：获得</f>。

例2：输入：给定句子"弟弟<t>得到</t>了一套有趣的玩具"，"得到"为目标词。**输出：**该目标词激起了框架<f>得到：获得</f>。

(…)

例*k*：输入：给定句子"她从导师那里<t>得到</t>了很多宝贵的建议"，"得到"为目标词。

输出：该目标词激起了框架<f>得到：获得</f>。

②英文提示示例：Given the sentence"I <t>got</t> two whistles from John", the word "got" is the target.**\n** Based on frame definitions in FrameNet, which frame the target can evoke? Return in<f> got: frame</f> format. **\n** Here are several examples to be referenced:

e.g. 1：Given the sentence "With him out of the room , I <t> got </t> all the popcorn" ,the word "got" is the target. **\n** The evoked frame is <f>got: Getting</f>.

e.g. 2：Given the sentence "I <t> got </t> a gift from Peter" ,the word "got" is the target. **\n** The evoked frame is <f>got: Getting</f>.

(…)

e.g. *k*：Given the sentence "I will <t> got </t> all the chocolates" ,the word "get" is the target. **\n** The evoked frame is <f>get: Getting</f>.

图 6.5 少样本框架识别提示模板样例

① 结构设计。每个示例提示应包括输入和输出两个部分，为了明显区分输入和输出，可在提示中加入相应的标记（如"\n"）或文字，如在输入和输出提示前分别增加"输入"和"输出"两个词。在中文提示模板样例中，每一个示例提示的输入和输出部分前分别增加了"输入"和"输出"，用来显式地标识示例提示的输入和输出。此外，示例提示中输入部分的表达方式应与提示中的任务描述保持一致。

② 顺序设计。大模型往往会受到位置偏置的影响，表现为对示例顺序具有一定的敏感性，因此，设计合理的示例顺序也是示例提示设计时需要考虑的一个问题。一种常用的方法是根据示例与待分析文本之间的语义相似度进行排序，将相似度更高的示例放在更靠近待分析文本的位置。另一种方法是把相似度更高的示例放在提示的末端，因为有研究表明大模型的输出更倾向于依赖处于提示末端的示例。在实践中，我们可以尝试使用多种排序策略，并在少量样本数据上进行评估，从而确定最优的示例提示顺序。

③ 数量设计。少样本提示中的示例提示的数量对大模型的性能也具有重要

影响，通常在一定数量范围内，增加的示例越多，大模型在特定任务上的性能就越好，但当提示数量达到一定量时，再加入更多的示例并不能提升大模型的性能，甚至会使性能下降。此外，示例数量还受限于大模型能够处理的最大输入长度。

在零样本场景中，通过在提示中加入框架语义知识，能够显著提高大模型在框架识别任务上的零样本识别能力。在少样本场景中，随着示例数据的加入，大模型能够从示例中学习到框架识别的能力，此时，框架语义知识对提高大模型框架识别能力的作用将会减弱，但仍具有一定的作用。因此，在实践中，也可进一步采用“融合框架语义知识的零样本框架识别提示 + 示例提示”的范式设计少样本框架识别的提示，融合框架语义知识的零样本提示设计已在上一小节进行了介绍，本节不再赘述。值得注意的是，由于大模型能够接受输入数据长度的限制，在提示中加入的框架语义知识越多，意味着在提示中可增加的示例提示的最大数量将会减少，如何取得二者之间数量的平衡需要根据具体任务和数据的特点进行权衡。

（3）少样本框架语义角色标注提示

少样本框架语义角色标注的提示设计思路与少样本框架识别的设计思路相同，即采用“零样本提示 + 示例提示”的范式设计提示，具体可衍生出两种设计方式，即“零样本框架语义角色标注提示 + 示例提示”或“融合框架语义知识的零样本框架语义角色标注提示 + 示例提示”。

图 6.6 为两个少样本框架识别提示模板样例，提示都采用“零样本框架语义角色标注提示 + 示例提示”的形式。每个提示由“\n”分成三个部分，前两个部分分别对应零样本提示的两个组成部分（输入数据和任务描述），第三个部分为 k 个示例提示，每个示例提示使用“例 + 序号”或“e.g.+ 序号”的形式标识。框架语义角色标注示例提示的模板内容与框架识别示例提示的模板内容略有不同，首先，提示的输入部分增加了框架的名称信息，如“其激起的框架为‘获得’”；其次，输出部分为多个论元和角色对，如“<r> 弟弟：接受者 </r> <r> 一套有趣的玩具：转移体 </r>”。在示例的结构设计、顺序设计、数量设计方面，框架语义角色标注的示例提示设计应遵循与框架识别示例提示设计相同的原则。

少样本框架语义角色标注提示也可使用“融合框架语义知识的零样本框架语义角色标注提示 + 示例提示”的方式进行设计，有关“融合框架语义知识的零样本框架语义角色标注提示 + 示例提示”的设计方法的原则在前续内容中都做了详细介绍，此处不再赘述。

①中文提示示例：给定句子"我从约翰那里<t>得到</t>了两个哨子"，"得到"为目标词，其激起的框架为"获得"。**\n**根据框架定义，请列出论元以及论元在该框架中充当的语义角色，并以<r>论元：角色</r>的形式返回结果。**\n**以下有几个例子可供参考：

例1：**输入**：给定句子"我从老师那里<t>得到</t>了一本珍贵的参考书"，"得到"为目标词，其激起的框架为"获得"。**输出**：论元和角色为：<r>我：接受者</r> <r> 从老师那里：起点</r> <r>一本珍贵的参考书：转移体</r>。

例2：**输入**：给定句子"弟弟<t>得到</t>了一套有趣的玩具"，"得到"为目标词，其激起的框架为"获得"。**输出**：论元和角色为：<r>弟弟：接受者</r><r>一套有趣的玩具：转移体</r>。

(…)

例*k*：**输入**：给定句子"她从导师那里<t>得到</t>了很多宝贵的建议"，"得到"为目标词，其激起的框架为"获得"。**输出**：论元和角色为：<r>她：接受者</r><r>从导师那里：起点</r> <r>很多宝贵的建议：转移体</r>。

②英文提示示例：Given the sentence"I <t>got</t> two whistles from John", the word "got" is the target and it can evoke frame Getting.**\n** Based on the frame, list the roles and arguments for this frame. Return in <r> argument: role </r> format. **\n** Here are several examples to be referenced:

e.g. 1: Given the sentence "With him out of the room , I <t> got </t> all the popcorn" ,the word "got" is the target and it can evoke frame Getting.The evoked frame is <f> got: Getting </f>. **\n** Roles and arguments for this frame are as follows: <r> I: Recipient </r><r> all the popcorn: Theme </r>.

e.g. 2: Given the sentence "I <t> got </t> a gift from Peter" ,the word "got" is the target.The evoked frame is <f> got: Getting </f>. **\n** Roles and arguments for this frame are as follows: <r> I: Recipient </r><r> a gift: Theme </r><r> from Peter: Source </r>.

(…)

e.g. *k*: Given the sentence "I will <t> got </t> all the chocolates" ,the word"get" is the target.The evoked frame is <f> get: Getting </f>. **\n** Roles and arguments for this frame are as follows: <r> I: Recipient </r><r> all the chocolates: Theme </r>.

图6.6 少样本框架语义角色标注提示模板样例

6.3 基于指令微调的框架语义分析方法

指令微调是指使用自然语言形式的指令数据对预训练后的大模型进行参数微调，以提高大模型的指令遵循能力，是一种有监督的学习方法。指令微调首先需要收集或构建指令化的训练数据，然后通过有监督的方式对大模型的参数进行微调。经指令微调后，大模型能够展现出较强的指令遵循能力，可以提升大模型在下游任务上的性能。本节重点介绍面向框架语义分析任务的指令微调方法，涉及指令数据构建、大模型指令微调两个方面。

6.3.1 指令数据构建

指令微调依赖于高质量的指令数据，广义的指令微调强调大模型通用的指令遵循能力，所以一般同时使用多种指令数据对大模型进行指令微调。狭义的指令微调可针对特定领域或特定任务，即在特定领域或特定任务的指令数据集上对大模型进行微调，以提高大模型在特定领域或任务上的指令遵循能力。本节首先介绍针对广义指令微调的指令数据构建方法，然后介绍面向框架语义分析任务的指令数据构建方法。

（1）面向多任务的指令数据构建方法

一般来说，一个经过指令格式化的指令数据包括任务描述（也称为指令）、任务输入 - 输出以及可选示例。根据指令和数据源的不同，目前主流的指令数据构建方法主要有以下三种：

① 基于现有 NLP 标注数据构建指令数据。该方法采用“自然语言指令 + 标注数据”的构建范式构建指令数据集。具体而言，在多种传统 NLP 任务（如机器翻译、文本摘要、文本分类等）的标注数据基础上，针对不同任务人工撰写不同的指令，最后将指令和标注数据一起构成供大模型进行指令微调的指令数据集。图 6.7 展示了基于现有 NLP 标注数据构建中英文翻译和问题回答指令数据集的过程，构建的关键步骤是为标注数据的输入 - 输出对添加任务描述信息，如可以向中英翻译标注数据集的每一对标注数据添加任务描述“请把这个中文句子翻译成英文”。通过上述操作，可将传统的面向 NLP 任务的标注数据全部转化成自然语言形式描述的可以被用于大模型指令微调的指令数据。

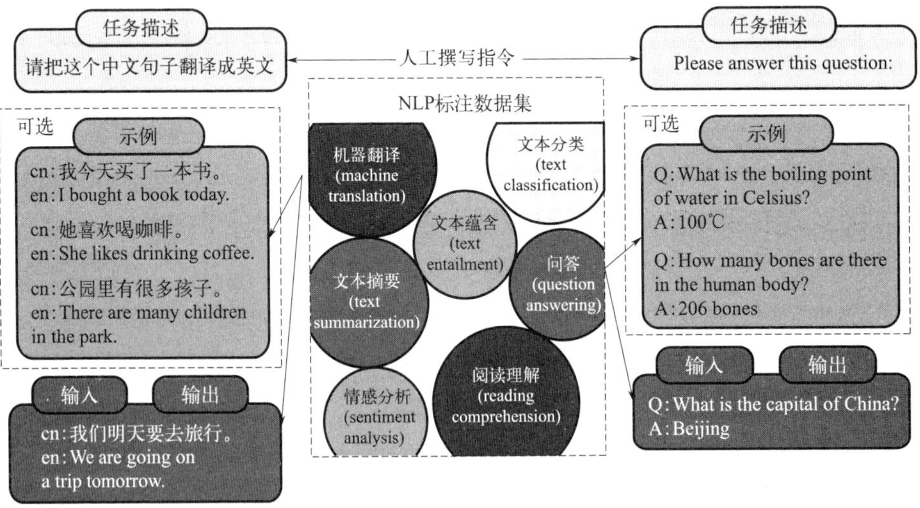

图 6.7 基于现有 NLP 标注数据的指令数据构建方法示意图

P3 和 FLAN 是两个代表性的基于 NLP 标注数据构建的指令数据集。P3 由超过 270 个自然语言处理任务的数据集和 2000 多种提示整合而成（每个任务可能不止一种提示），全面涵盖多选问答、提取式问答、闭卷问答、情感分类、文本摘要、主题分类、自然语言推断等自然语言处理任务，指令样本数量达 12.1MB。早期的 FLAN 是由 62 个广泛使用的 NLP 基准数据集构成的指令数据集，目前已扩展至最新的 FLAN-v2 版本，在原数据的基础上增加了对话、代码、思维链等方面的指令数据，指令样本数量达 4.4MB。

② 基于日常对话数据构建指令数据。由于传统的 NLP 标注数据一般都是人工标注数据，数据的数量和多样性有限，为此，研究人员开始使用用户在日常对话中的实际需求作为任务描述。例如，InstructGPT 将用户提交给 OpenAI API 的查询作为任务描述。为了进一步增加任务的多样性，OpenAI 还雇用标注者创作更多的有关真实生活的任务，包括开放式生成、开放式问答、头脑风暴等任务，然后由另一组标注者来回答这些问题并作为输出。为了推动指令数据集的开放共享，最近研究人员创建并开源了一些有关常见的日常对话任务的指令数据集，例如 Dolly 和 Open Assistant，这些数据均是人工精心标注，因此具有较高的质量。

③ 基于合成数据构建指令数据。为了减轻人工收集与标注数据的负担，研究人员进一步提出半自动化的数据合成方法。他们借助已有的高质量指令数据作为上下文学习示例输入大模型，进而生成大量多样化的任务描述和输入 - 输出数据。图 6.8 展示了基于合成数据的指令数据生成过程，首先从已有的指令数据池中随机抽取示例，然后使用示例提示大模型生成新的指令和输入 - 输出数据，最后采用一些启发式过滤规则筛选出质量较高的指令数据，并将这些指令数据加入指令数据池中。

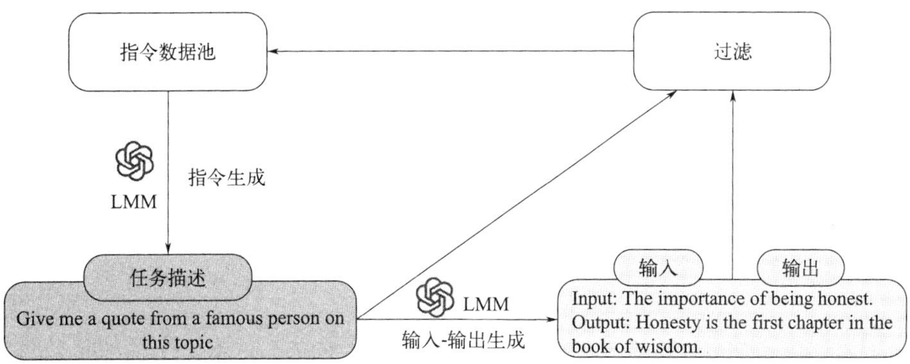

图 6.8　基于合成数据的指令数据构建示意图

Self-Instruct 是其中的一项代表性方法，该方法仅需要使用 100 多个人工撰写的示例作为初始指令数据池，然后随机选择数据作为示例，最后使用示例提示大模型生成新的指令数据。这种半自动化的合成方法具备高效生成大规模指令数据的能力，从而显著降低了人工标注所需的经济成本，在实践中得到了广泛应用。

（2）框架语义分析指令数据构建方法

框架语义分析是一项自然语言理解任务，面向该任务的指令数据构建可以借鉴传统的面向多任务的指令数据构建方法，如基于已标注的框架语义分析数据构建指令数据、使用大模型辅助构建指令数据。但由于框架语义分析的特殊性，在构建指令数据时也表现出一些与众不同的特点，如需要在指令中融入框架语义知识对模型进行指导和约束。

基于已有标注数据构建指令数据一般采用“自然语言指令 + 标注数据”的构建范式，即通过人工撰写自然语言指令（任务描述），标注数据作为输入 - 输出数据以及可选的示例。构建指令数据的格式或模板是使用该范式构建指令数据的首要问题，针对不同的框架语义分析子任务，需要使用不同的任务描述和指令模板，下面分别介绍框架识别、框架语义角色标注、框架与语义角色联合识别三个子任务的指令数据格式。

① 框架识别指令数据格式。框架识别旨在识别出给定目标词在文本中能够激起的框架，因此，指令数据中的输入要提供文本和目标词信息，指令要描述任务要求，图 6.9 为两个框架识别指令数据模板样例。由于指令数据将会被用来对大模型进行有监督微调，因此，无须像零样本和少样本提示设计那样要在指令数据中对输出格式进行详细描述，大模型在微调过程中会自动学习输出的格式。

a.**中文指令示例：**

指令： 下面句子中给定的目标词能激起哪个框架？

输入： 我从约翰那里<t>得到</t>了两个哨子，“得到”为目标词。

输出： <f>得到：获得</f>

b.**英文指令示例：**

指令： Which frame the target in the given sentence can evoke?

输入： I<t>got</t>two whistles from John,the word “got”is the target.

输出： <f>got：Getting</f>

图 6.9　框架识别指令数据模板样例

在零样本和少样本提示设计中，加入目标词对应的候选框架信息和框架定义信息能够更好地激发大模型的框架识别能力，但在指令数据中并不是包含信息越多越好，添加某些看似有用的信息（例如需要避免的事项、原因或建议）到指令数据中，可能不会带来明显的效果提升，甚至可能产生不利影响。初步实验表明，对于框架识别任务，在指令中加入目标词对应的候选框架信息有利于提高大模型的框架识别性能，而加入框架定义信息并不能带来性能的提升。因此，可根据待分析文本中已知的目标词从框架知识库中检索候选框架，并将候选框架信息融入指令或输入数据中。图 6.10 为融合了候选框架信息的框架识别指令数据模板示例，中文示例将候选框架信息融入指令中，英文示例将候选框架信息融入输入数据中。

a.中文指令示例：

指令：下面句子中给定的目标词能激起哪个框架？候选框架包括：获得、获奖、位移、(……)。

输入：我从约翰那里<t>得到</t>了两个哨子，“得到”为目标词。

输出：<f>得到：获得</f>

b.英文指令示例：

指令：Which frame the target in the given sentence can evoke?

输入：I <t>got</t>two whistles from John, the word “got” is the target. It may evoke one of the following frames:Board_vehicle: Grasp:Arriving:Giving_birth:(…).

输出：<f>got:Getting</f>

图 6.10　融合候选框架信息的框架识别指令数据模板样例

② 框架语义角色标注指令数据格式。框架语义角色标注是在目标词和框架都给定的情形下，识别出论元以及论元在当前框架中充当的语义角色。与框架识别任务类似，框架语义角色标注的指令应包括：指令、输入、输出、框架语义知识。这里的框架语义知识仅指框架元素列表，框架元素列表可以约束大模型生成角色的范围，与零样本和少样本框架语义角色标注不同的是，在指令中融入框架定义、框架元素定义、候选框架集合等知识对于提升指令微调后大模型的性能并没有帮助。图 6.11 为两个框架语义角色标注指令数据模板样例，每个示例在输入中提供了句子、目标词、框架、框架元素列表信息。

③ 框架与语义角色联合识别指令数据格式。框架与语义角色联合识别是指在给定文本和目标词情形下，既要识别出目标词激起的框架，还要同时识别出相应的论元和框架语义角色。该子任务极具挑战性，在零样本和少样本情形下，大模型几乎不可能胜任该任务（F1 值小于 10%），在指令微调场景下，大模型要根据指令数据对参数进行微调，微调后的大模型具备了一定的框架与语义角色联合识别的能力。由于联合识别任务比较复杂，所以在构建指令时，可采用指令

分解策略，将该任务的指令分解为两个步骤，以便模型更好地理解和执行指令。图 6.12 为两个框架与语义角色联合识别的指令数据模板样例，每一个指令由两个子步骤组成。

a.**中文指令示例：**

指令：对下面的句子进行框架语义角色标注。

输入：我从约翰那里<t>得到</t>了两个哨子，“得到”为目标词，激起了“获得”框架，该框架的元素包括：接受者、转移体、起点、受益者、(……)。

输出：<r>我：接受者</r>\n <r>从约翰那里：起点</r>\n <r> 两个哨子：转移体</r>

b.**英文指令示例：**

指令：List arguments and roles for the following sentence.

输入：I<t>got</t>two whistles from John, the word “got” is the target and it evokes frame Getting. The possible roles come from the following list:Recipient, Theme, Source,(…)。

输出：<r> I:Recipient </r>\n <r> from John:Source </r>\n <r>two whistles:Theme </r>

图 6.11 框架语义角色标注指令数据模板样例

a.**中文指令示例：**

指令：对下面的句子进行框架语义解析，分两步执行。**步骤1：**预测句子中目标词激起的框架；**步骤2：**根据步骤1预测的框架，对句子进行框架语义角色标注。

输入：我从约翰那里<t>得到</t>了两个哨子，“得到”为目标词，该目标词可能激起的框架有：获得、获奖、位移、(……)

输出：答案1：<f>得到：获得</f> \n **答案2：**<r>我：接受者</r> \n <r>从约翰那里：起点</r> \n <r>两个哨子：转移体</r>

b.**英文指令示例：**

指令：Complete the frame-semantic parsing for the given sentence according the following two steps:**#1**:Predict the evoked frame for the target in the sentence;**#2**:Based on the predicted frame by step #1，list the roles and arguments for this frame.

输入：I<t>got</t> two whistles from John，the word“got”is the target and it may evoke one of the following frames:Board_vehicle, Grasp, Arriving, Giving_birth,(…).

输出：Answer for step #1:<f> got：Getting </f> \n **Answer for step #2**:<r> I:Recipient </r>\n<r> from John:Source </r>\n<r>two whistles:Theme </r>

图 6.12 框架与语义角色联合识别指令数据模板样例

④ 指令多样化扩展。指令多样性对模型的泛化能力、鲁棒性和实用性具有重要影响。因此，在人工撰写指令的基础上，还需要进一步增加指令的多样性，常用的方法有指令改写、指令复述等。具体而言，以人工撰写的指令为种子，提示大模型复述或改写种子指令，然后通过人工筛选得到更加多样化的指令集合。

表 6.2 为 DeepSeek 大模型以人工撰写的指令为种子生成的指令示例，中英文形式共 6 个种子，从每个种子生成的指令中选择了 3 条指令作为展示示例。

表6.2　多样化指令示例

子任务	种子指令	DeepSeek 生成的指令
框架识别	下面句子中给定的目标词能激起哪个框架？	● 指出目标词触发的框架。 ● 框架识别：目标词属于哪个？ ● 确定目标词关联的语义框架。
	Which frame the target in the given sentence can evoke?	● Identify the frame evoked by the target. ● List the possible frame for the target. ● Frame evoked by the target.
框架语义角色标注	对下面的句子进行框架语义角色标注。	● 请标注该句子的框架语义角色。 ● 完成该句的框架语义角色标注。 ● 这个句子中的框架语义角色有哪些？
	List arguments and roles for the following sentence.	● Extract arguments and semantic roles. ● What are the arguments and roles in the following sentence? ● Identify the arguments and their roles in the sentence.
框架与语义角色联合识别	对下面的句子进行框架语义分析，分两步执行。步骤 1：预测句子中目标词激起的框架。步骤 2：根据步骤 1 预测的框架，对句子进行框架语义角色标注。	● 分两步进行框架语义解析：（1）先预测目标词对应的框架，（2）再标注框架语义角色。 ● 请先预测目标词的框架，再完成语义角色标注。 ● 先识别框架，再标注角色。
	Complete the frame-semantic parsing for the given sentence according the following two steps: #1: Predict the evoked frame for the target in the sentence; #2: Based on the predicted frame by step #1, list the roles and arguments for this frame.	● Perform frame-semantic parsing in two steps: First predict the evoked frame, then list its roles and arguments. ● Step 1: Identify the frame evoked by the target. Step 2: Annotate its roles and arguments. ● Complete frame-semantic analysis: (1) Predict the frame, (2) Label roles and arguments.

在确定了框架语义分析各个子任务的指令数据格式，并完成多样化指令扩展后，需要结合框架语义标注数据生成用于指令微调的指令数据集。FN1.7 是一个英文框架语义标注数据集，CFN2.0 是一个中文框架语义标注数据集，标注数据集中每一条标注数据包括目标词、目标词激起的框架、论元以及论元对应的角色。每个数据集被划分为训练集、开发集和测试集，在构建指令数据集时，也采用同样的数据集划分策略，构建相应的指令数据集。图 6.13 展示了面向框架识别子任务的指令数据生成过程，首先从框架识别多样化指令集中随机抽取一条指令，然后从标注数据集中按顺序抽取一条标注数据，最后将指令和数据按照框架识别的指令格式模板生成指令数据。

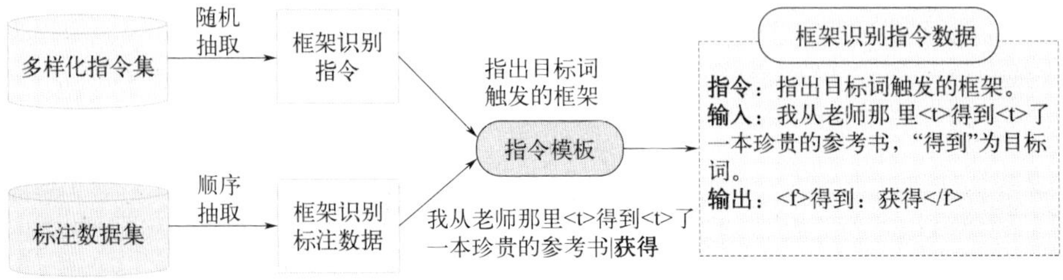

图 6.13　指令数据生成过程示意图

6.3.2　大模型指令微调

大模型指令微调旨在使用人工构建的指令数据对大模型的参数进行有监督的微调，从而增强或解锁大模型的能力。相关研究表明，不同规模的大模型（参数量规模从 77MB 到 540MB）都可以从指令微调中受益，且提升的性能随着参数规模的增加而提升。经过指令微调的小模型甚至可以比没有微调过的大模型表现得更出色，突显了指令微调的有效性。在零样本和少样本提示场景下，大模型很难获得令人满意的框架语义分析效果，因此，有必要利用框架语义分析指令数据对大模型进行指令微调，以进一步提高大模型在框架语义分析任务上的性能。

（1）指令微调策略

在训练方式上，指令微调与预训练较为相似，很多设置与模型预训练相同，但也有一些不同之处。

① 目标函数。大模型在预训练阶段通常采用语言模型损失，优化模型在每一个词元上的损失。而指令微调的目标函数采用序列到序列损失，仅在输出部分计算损失，而不计算输入部分的损失。

② 批次大小和学习率。考虑到大模型在预训练阶段已经学习到了能够展现较好性能的模型参数，指令微调阶段通常只需要使用较小的批次大小和学习率对模型进行小幅度的调整。

③ 数据组织。大模型在预训练阶段通常采用单一的数据组织策略，而指令微调阶段可采用多样的数据组织策略。对于面向多任务的指令微调，要注意平衡采样不同任务的指令数据，以实现大模型综合能力的提升。此外，还可以利用多阶段微调的策略，如难易指令的多阶段微调、跨领域指令的多阶段微调。难易指令的多阶段微调指先在简单指令数据上进行微调，然后逐步在复杂指令数据上进行微调。跨领域的多阶段指令微调指先在通用领域指令数据上进行微调，然后逐步在特定领域指令数据上进行微调。

（2）高效微调方法

由于大模型的参数量巨大，进行参数全量微调需要较多的算力资源，开销和成本都比较大，因此，在实践中，一般采用高效微调的方法对大模型进行指令微调。高效微调旨在减少需要训练的模型参数量，同时保证微调后的模型性能能够与全量微调的表现相媲美。LoRA（low-rank adaptation，低秩适配）和 QLoRA（quantized low-rank adaptation，量化 LoRA）是两种主流的大模型高效微调方法。

① LoRA 高效微调方法。LoRA 核心思想在于，在大模型的参数矩阵上添加低秩分解矩阵来近似每层的参数更新，使得在参数更新时原模型的参数保持不变，只更新新添加的参数，最后将原始参数和新添加的参数合并，通过更新少量参数的形式减少了适配下游任务所需要训练的参数。与全参数微调相比，LoRA 微调在保证模型效果的同时，能够显著降低模型训练的成本，被广泛地应用于开源大模型（如 LLaMA 和 BLOOM）的参数高效微调中。

② QLoRA 高效微调方法。QLoRA 是一种结合了 LORA 方法与深度量化技术的高效微调方法。QLoRA 将原始的参数矩阵量化为 4bit，而低秩参数部分仍以 16bit 进行训练，在保持微调效果的同时进一步节省了显存开销。对于给定参数量为 P 的模型，QLoRA 微调所需要的显存由 LoRA 微调所需要的 $2P$ 进一步下降为 $0.5P$。

6.4 实验与结果分析

6.4.1 实验环境设置

（1）实验数据集

实验数据使用框架语义标注数据集 FN1.7 和 CFN2.0，数据集分为训练集、开发集和测试集，数据集划分与前面的章节相同，此外，实验还额外用到了 FN1.7 数据集中的示例标注数据（exemplar），实验数据统计情况见第 1 章。

（2）实验参数设置

实验使用 2 张 NVIDIA GeForce RTX 3090 GPU，使用开源工具 LLAMA Factory 进行大模型管理和指令微调，使用的大模型有 Llama3-8B-Instruct、Qwen2.5-7B-Instruct 和 DeepSeek-v3 模型，所有模型的温度系统（temperature）都设为 0。指令微调采用 LoRA 进行高效微调，微调学习率（learning_rate）为 1.0e-4，样本批次大小（train_batch_size）为 4。单阶段指令微调的训练轮数（num_train_epochs）

为 4，两阶段指令微调的训练轮数分别为 1 和 4。

6.4.2 零样本实验结果

零样本框架语义分析实验包括零样本框架识别和零样本框架语义角色标注两个实验，实验使用 Llama3-8B-Instruct 和 DeepSeek-v3 大模型，实验数据为 FN1.7 和 CFN2.0 的测试数据集。实验使用 6.2 节介绍的方法设计提示，完整的提示包括任务描述、输入数据、上下文信息（框架语义知识）三个部分，由于任务描述和输入数据是框架语义分析提示必不可少的组成部分，因此，实验将重点分析将框架语义知识作为上下文信息所发挥的重要作用。

（1）零样本框架识别实验结果

表 6.3 显示了 Llama3-8B-Instruct 和 DeepSeek-v3 在不同提示结构下的框架识别准确率，结果显示在仅使用“任务描述 + 输入数据”提示大模型进行框架语义分析时，Llama3-8B-Instruct 模型在两个数据集 FN1.7 和 CFN2.0 上的识别准确率分别为 6.54% 和 4.54%；而当在提示中加入框架语义知识（候选框架和框架定义）时，框架识别的准确率显著提升，在两个数据集上分别提升到 78.19% 和 60.66%。实验表明，在不提供框架语义知识的情形下，大模型的框架识别能力较弱，在提示中加入框架语义知识能够显著提升大模型的零样本框架识别能力。候选框架为大模型的输出提供了约束信息，将输出的框架限定在候选框架范围内，框架定义提供了候选框架的语义描述信息，使大模型能够使用这一信息区分不同框架的语义。由此可见，在提示中融合候选框架和框架定义两类知识是提升大模型的零样本框架识别能力的关键。

表6.3 零样本框架识别结果（准确率Acc） 单位：%

模型	提示结构	FN1.7	CFN2.0
Llama3-8B-Instruct	任务描述 + 输入数据	6.54	4.54
	任务描述 + 输入数据 + 候选框架	67.61	43.68
	任务描述 + 输入数据 + 候选框架 + 框架定义	78.19	60.66
DeepSeek-v3	任务描述 + 输入数据 + 候选框架 + 框架定义	85.30	68.53

实验结果还表明，参数规模更大的 DeepSeek-v3 模型在零样本框架识别任务上的准确率显著优于参数规模较小的 Llama3-8B-Instruct 模型，说明更多的模型参数仍然非常重要。此外，两个模型在英文数据集 FN1.7 上的框架识别准确率都优于在中文数据集 CFN2.0 上的准确率，表明中文数据集的框架识别难度更大。

（2）零样本框架语义角色标注实验结果

框架语义角色标注是一项比框架识别更具挑战性的框架语义分析任务，因为框架语义角色标注不仅要从文本中识别出角色，还需要准确识别出角色在文本中对应的论元。在零样本场景下，框架语义角色标注的难度更大。表 6.4 的实验结果显示，在不给定框架元素集合、框架定义等框架语义知识的情形下，Llama3-8B-Instruct 模型在 FN1.7 和 CFN2.0 数据集上的框架语义角色标注 F1 值分别为 0.78% 和 1.00%。当在提示中加入框架元素集合和框架定义信息后，在两个数据集上的框架语义角色标注 F1 值有了显著提升，其中，框架元素集合信息的加入对性能提升的帮助作用更大。实验结果还显示，在提示中进一步加入框架元素定义后，模型的框架语义角色标注性能反而下降。

表6.4　零样本框架语义角色标注结果　　单位：%

模型	提示结构	FN1.7			CFN2.0		
		P	*R*	F1	*P*	*R*	F1
Llama3-8B-Instruct	任务描述 + 输入数据	0.52	1.55	0.78	0.72	1.61	1.00
	任务描述 + 输入数据 + 框架元素集合	9.70	31.36	14.82	8.44	19.08	11.70
	任务描述 + 输入数据 + 框架元素集合 + 框架定义	9.89	31.05	15.01	11.09	22.71	14.90
	任务描述 + 输入数据 + 框架元素集合 + 框架定义 + 框架元素定义	7.05	28.43	11.30	2.81	3.83	3.24

零样本框架语义角色标注实验表明，在提示中加入框架元素集合信息对于提升模型的性能的作用最大，其次是框架定义信息，框架元素集合对大模型的角色输出提供了约束信息，将角色限定在指定的集合内，框架定义是一种示意性描述，着重描述该框架中涉及的语义角色及其参与过程，这些信息有助于指导模型区别不同角色之间的语义。

从人类语言认知的角度看，框架元素的定义有利于准确识别角色和论元，如“转移体”是“获得”框架中的一个角色，其在 CFN 中的定义为：“变换了拥有者的财物、资产、专利等。”根据语义可以判断出在文本中对应的论元在语义上指的是一种财物，或资产，或专利，这一信息有利于人类从文本中找出对应的论元。但从实验结果来看，似乎大模型无法有效利用框架元素定义的信息，这一点与人类的认知相悖，其中的原因还需要在未来的工作中进行进一步的探索和验证。

6.4.3 少样本实验结果

在英文数据集 FN1.7 上的少样本框架语义分析实验中，使用的提示示例有两个来源，一是 FN1.7 训练集，二是 FN1.7 的 exemplar 数据。中文数据集 CFN2.0 上的少样本提示来自 CFN2.0 的训练集。示例的选择采用基于 BERT 表示的 k 近邻（k-nearest neighbors，k-NN）相似度排序方法，即通过来自 BERT 的目标词表示计算相似度，然后选择 k 个近邻作为提示示例。

（1）少样本框架识别实验结果

少样本框架识别的提示采用“零样本框架识别提示 + 示例提示”的方式构建，其中，零样本提示采用在零样本实验中性能表现最好的“任务描述 + 输入数据 + 候选框架 + 框架定义”的提示格式。

表 6.5（表中，“5-shot”指 5 个示例）显示了示例样本数量 k 在不同取值下的框架识别准确率，在 k 小于等于 15 时，随着 k 的增加，Llama3-8B-Instruct 模型的框架识别准确率也在不断提升，但当 k 增大到 20 时，在 FN1.7 数据集上的准确率小幅下降，在 CFN2.0 数据集上的准确率小幅上升。结果表明，k 的大小与数据集的数据分布密切相关，在实践中需要针对不同的数据确定适度大小的 k。随着 k 的不断增加，模型性能提升的增益越小，甚至会产生负面影响，其原因主要是随着 k 的增加，得到的示例与待分析文本的语义相似性越差，从而干扰了大模型的框架识别性能。参数规模更大的 DeepSeek-v3 模型在少样本框架识别任务上的准确率仍显著优于参数规模较小的 Llama3-8B-Instruct 模型，这一点与零样本框架识别的实验结果类似。

表6.5　少样本框架识别实验结果（准确率Acc）　单位：%

模型	示例数量（k）	FN1.7	CFN2.0
Llama3-8B-Instruct	5-shot	85.66	70.14
	10-shot	86.57	70.25
	15-shot	87.44	70.83
	20-shot	86.61	71.08
DeepSeek-v3	20-shot	90.28	76.91

通过与零样本框架识别性能对比发现，少样本框架识别的性能显著优于零样本框架识别性能，说明示例对于提升大模型的性能具有重要作用。具体而言，当 k=5 时，Llama3-8B-Instruct 模型在 FN1.7 数据集上的框架识别准确率由零样本时的 78.19% 提升到 85.66%，在 CFN2.0 数据集上的框架识别准确率由零样本时的 60.66% 提升到 70.14%，甚至超越了 DeepSeek-v3 在两个数据集上的零样本框架识别准确率——分别为 85.30% 和 68.53%。

（2）少样本框架语义角色标注实验结果

少样本框架语义角色标注的提示采用“零样本框架语义角色标注提示 + 示例

提示”的方式构建，其中，零样本提示采用在零样本实验中性能表现最好的“任务描述 + 输入数据 + 框架元素集合 + 框架定义”提示格式。

表 6.6 为少样本框架语义角色标注实验结果，结果显示在提示中增加示例能够显著提升大模型的框架语义角色标注性能，示例数量 k 的大小对性能的影响所呈现出的规律与少样本框架识别类似，此处不再赘述。总体上看，少样本框架语义角色标注的性能仍然普遍较低，表明大模型在细粒度框架语义角色标注上的能力较弱。

表6.6　少样本框架语义角色标注实验结果　　单位：%

模型	示例数量（k）	FN1.7			CFN2.0		
		P	R	F1	P	R	F1
Llama3-8B-Instruct	5-shot	30.71	54.36	39.24	26.02	38.15	30.94
	10-shot	34.84	56.57	43.12	26.80	38.23	31.51
	15-shot	36.33	56.35	44.17	26.47	37.76	31.12
	20-shot	37.03	56.72	44.81	26.33	37.54	30.96
DeepSeek-v3	20-shot	48.59	67.99	56.68	44.53	56.06	49.63

6.4.4　指令微调实验结果

在指令微调实验中，英文指令数据和中文指令数据分别基于标注数据集 FN1.7 和 CFN2.0 构建，训练集（train）、开发集和测试集的划分方式与标注数据集相同。此外，实验还构建了基于英文示例（exemplar）数据的指令数据集，用于对模型进行两阶段指令微调。由于中文数据集没有提供额外的示例数据，在实验中采用大模型翻译的方法构建了中文示例数据集，即将英文示例（exemplar）数据翻译为中文示例数据，翻译使用 Llama3-8B-Instruct 模型。

（1）框架识别实验结果

框架识别指令微调采用两种策略：单阶段微调和两阶段微调。单阶段微调策略指仅使用 train 指令数据对模型进行微调，两阶段微调策略指先在 exemplar 指令数据上对大模型进行微调，然后再使用 train 指令数据对模型进行持续微调，实验结果如表 6.7 所示。结果显示，由于两阶段微调使用了额外的训练数据，所以在框架识别准确率上具有一定的优势，Llama3-8B-Instruct 和 Qwen2.5-7B-Instruct 都能从两阶段微调中受益，经指令微调后的 Qwen2.5-7B-Instruct 的框架识别性能优于参数规模更大的 Llama3-8B-Instruct 指令微调模型。实验还尝试了在 train 和 exemplar 混合指令数据上进行单阶段微调，结果显示微调后的模型在性能上低于仅在 train 指令数据上微调的模型，其原因是 exemplar 和 train 数据存在较大的分布差异，exemplar 数据来源更广泛，而测试数据与 train 数据来源相似且具有较高的分布一致性。正是由于这种分布差异，所以在微调时先使用与测试数据分布一致性较差且分布领域更广泛的 exemplar 指令数据，然后再使用分布一致性较好的 train 指令数据。通过两阶段微调，既能提高模型整体的性能，又能克服因数据分布不一致可能造成的负面影响（负迁移）。

值得注意的是，中文 exemplar 指令数据是由英文 exemplar 指令数据翻译而来，即使它与中文 train 指令数据的分布差异较大，但通过两阶段微调，也可以使模型获得优于单阶段微调（train）的框架识别性能。由此可见，两阶段微调是增强模型能力的一种有效策略。

表6.7　基于指令微调的框架识别实验结果（准确率Acc）　单位：%

模型	微调策略（训练数据）	FN1.7	CFN2.0
Llama3-8B-Instruct	单阶段（train）	91.98	78.74
	两阶段（exemplar 和 train）	92.11	78.75
Qwen2.5-7B-Instruct	单阶段（train）	91.88	79.03
	两阶段（exemplar 和 train）	92.67	79.50

（2）框架语义角色标注实验结果

表 6.8 为基于指令微调的框架语义角色标注实验结果，结果显示，指令微调后的 Llama3-8B-Instruct 模型在框架语义角色标注上的性能优于参数规模更小的 Qwen2.5-7B-Instruct 微调模型；两阶段微调策略显著优于单阶段微调策略，且优势远超其在框架识别任务上的表现。

表6.8　基于指令微调的框架语义角色标注实验结果　单位：%

模型	微调策略（训练数据）	FN1.7			CFN2.0		
		P	*R*	F1	*P*	*R*	F1
Llama3-8B-Instruct	单阶段（train）	71.82	76.76	74.21	66.55	65.73	66.14
	两阶段（exemplar 和 train）	73.66	79.14	76.30	67.74	66.87	67.30
Qwen2.5-7B-Instruct	单阶段（train）	71.24	75.53	73.32	65.65	64.26	64.95
	两阶段（exemplar 和 train）	72.46	77.13	74.72	67.49	66.16	66.82

（3）框架与语义角色联合识别实验结果

框架与语义角色联合识别的性能评价指标采用全结构评价指标 FP、FR 和 FF1，各评价指标值如表 6.9 所示。结果显示，经指令微调后的 Llama3-8B-Instruct 和 Qwen2.5-7B-Instruct 模型在框架与语义角色联合识别任务上的性能相差不大。由于全结构评价指标将框架识别和框架语义角色标注统一进行评价，换句话说，该指标同时反映框架识别和框架语义角色标注的性能，而 Llama3-8B-Instruct 和 Qwen2.5-7B-Instruct 分别在框架语义角色标注和框架识别上比对方更有优势，全结构评价同时评价框架识别和框架语义角色标注的性能，所以两个模型表现出相当的性能。

表6.9 基于指令微调的框架与语义角色联合识别实验结果　　单位：%

模型	微调策略（训练数据）	FN1.7			CFN2.0		
		FP	FR	FF1	FP	FR	FF1
Llama3-8B-Instruct	单阶段（train）	80.74	82.11	81.42	71.40	68.22	69.78
	两阶段（exemplar 和 train）	81.75	83.40	82.57	72.22	69.19	70.67
Qwen2.5-7B-Instruct	单阶段（train）	80.70	81.35	81.02	71.68	68.10	69.85
	两阶段（exemplar 和 train）	82.00	83.48	82.74	72.26	69.19	70.70

基于指令微调的框架语义分析实验表明，大模型经指令微调后能够获得显著优于少样本和零样本框架语义分析的性能，说明要提升大模型的框架语义分析性能，指令微调是必要的。此外，与传统的基于预训练模型（如 BERT）的框架语义分析模型相比（实验结果见第 2 章至第 5 章），参数规模将近 10 倍于 BERT 的 Llama3-8B-Instruct 和 Qwen2.5-7B-Instruct 微调模型并没有显著优势，说明框架语义分析是一项极具挑战性的自然语言处理任务，如何进一步提升大模型的框架语义分析性能仍然是一个值得深入研究的问题。

6.5 本章小结

本章系统地介绍了基于大模型的框架语义分析方法，包括基于零样本的方法、基于少样本的方法和基于指令微调的方法。零样本框架语义分析方法的核心是构建提示，框架语义分析的提示要素包括任务描述、输入数据、上下文信息（框架语义知识）和提示策略四个方面，其中，框架语义知识对于激发大模型框架语义分析能力具有重要作用。少样本框架语义分析是在零样本提示的基础上进一步加入示例提示，其关键技术是示例提示的选择，基于 BERT 表示的 k-NN 示例相似性排序方法是一种有效的示例选择和排序方法，适量的示例提示对于提升大模型的框架语义分析性能具有重要影响。基于指令微调的框架语义分析方法主要包含指令数据构建和指令微调两个阶段，指令数据构建包括指令模板数据构建、指令多样化、指令数据生成等内容，指令微调方法包括指令微调策略、高效微调等内容。

本章还系统介绍了三种基于大模型的框架语义分析方法在数据集FN1.7和CFN2.0上的性能表现，实验表明，三种方法的性能表现从高到低依次为：基于指令微调的方法、基于少样本的方法、基于零样本的方法。框架语义知识对零样本框架语义分析具有重要影响。框架语义知识和示例选择方法对少样本框架语义分析都具有重要影响，示例数量是一个重要超参数，需要根据数据的不同设置合理的大小，并非越大越好。指令微调策略以及如何利用跨领域数据是影响指令微调框架语义分析方法的两个重要因素，两阶段微调是一种可行的策略。实验还表明，基于大模型的方法在性能上并没有显著超越传统的基于预训练模型的框架语义分析方法，说明框架语义分析对大模型而言仍然是一个极具挑战性的任务，如何提升模型框架语义分析的性能仍然是一个值得进一步深入研究的问题。

第 7 章

框架语义分析研究总结与发展趋势

框架语义分析是一种面向自然语言的语义分析任务，其目标是从文本中抽取出框架语义结构，每一个框架语义结构与框架语义知识库中的某一个框架相关联。该任务作为自然语言处理的基础性任务，能为各类自然语言处理任务提供细粒度的框架语义信息，实现文本与反映人类语言认知的框架语义知识的关联，受到了广泛的关注，并被应用到多项自然语言处理任务中。

7.1 研究总结

本书针对框架语义分析中的框架语义知识表示与融合、跨度语义表示与跨度关系建模、框架语义分析统一建模等难点问题，围绕目标词识别、框架识别和框架语义角色标注三个子任务及其他们的联合建模任务，利用深度学习和自然语言处理领域的最新理论和技术，构建了体系化的框架语义分析新方法。具体工作总结如下：

① 介绍了框架语义知识指导的框架识别方法，构建了知识指导的框架识别模型 KGFI。该方法根据框架之间存在多种关系，以及框架定义和框架元素的特点，利用图卷积网络 GCN 和自注意网络 Self-attention 对这些异构框架语义知识进行表示，构建了一种融合异构框架语义知识的框架语义表示方法。基于该表示方法又进一步构建了基于双编码器的知识指导的框架识别模型 KGFI。实验表明，基于 GCN 的方法能够有效解决异构框架语义知识的表示及框架语义知识的融合应用问题，证明了框架语义知识对提升框架识别模型的性能具有重要的指导作用。

② 介绍了面向关系建模的框架识别和框架语义角色联合标注方法，构建了基于关系建模的联合标注模型 TaRFSP。该方法将框架语义角色视为目标词与论元之间的一种语义关系，通过 Biaffine 网络和注意力网络捕捉二者之间的语义关系信息，通过独立地对每一对关系进行分类的方式实现框架语义角色标注，克服了以往基于序列标注方式建模中存在的错误传播问题。此外，通过显式地捕捉角色对框架的语义依赖信息，使角色受限于当前框架，提升了框架与角色预测结果的语义一致性。实验表明，基于 Biaffine 网络和注意力网络的方法能够有效捕捉到目标词与框架、框架与角色之间的语义依赖关系，有效提升跨度和跨度之间关系的建模能力，证明了有效的关系建模对提升框架识别和框架语义角色联合标注模型性能具有重要作用。

③ 介绍了基于表格编码和区域检测的端到端框架语义分析方法，构建了基于区域检测的框架语义分析模型 EFSP-TE。该方法首先使用突显性向量的方法将

词元知识融合到上下文编码器中；然后使用 Biaffine 网络和 ResNet-style-CNNs 网络对词与词之间，以及跨度与跨度之间的语义关系进行建模，并形成突显多层语义关系的基于表格的文本表示；最后通过区域检测方式实现潜在目标词和潜在论元的识别，通过区域分类的方式实现框架识别和框架语义角色标注。实验表明，基于 Biaffine 网络和 ResNet-style-CNNs 网络的表格编码和多层级跨度语义表示方法能够有效捕捉到跨度之间的语义关系信息，为构建端到端的框架语义分析模型提供了编码基础，解决了框架语义分析三个子任务的统一建模问题。在此基础上构建的 EFSP-TE 模型在目标词识别、框架识别、框架语义角色标注三个子任务上都取得了优于已有端到端框架语义分析方法的性能。

④ 介绍了基于标记注意力的两阶段框架语义分析方法，构建了目标词与框架联合识别模型 MAFC，以及框架语义角色标注模型 MAFSRL。该方法针对基于表格编码和区域检测的方法存在的词元知识融合不充分的问题，提出了基于跨度和悬浮标记的词元知识融合表示方法，增强了对潜在目标词跨度的语义表示能力以及对词元知识的感知能力；针对跨度语义表示不充分的问题，提出了基于类型标记和单悬浮标记相结合的方法增强了对潜在跨度与目标词关系的语义表示能力；采用对每一目标词进行单独语义角色标注的方式，缓解由于论元重叠而造成的多目标词同时标注时的语义混淆问题。实验表明，使用悬浮标记不仅可以实现框架语义知识的融合，而且可以提高跨度的语义表示能力，基于标记注意力的两阶段框架语义分析模型可以实现超越端到端框架语义分析模型的性能。

⑤ 介绍了基于大语言模型的框架语义分析方法，包括零样本框架语义分析方法、少样本框架语义分析方法和基于指令微调的框架语义分析方法。详细介绍了零样本场景下的提示模板设计方法与原则，少样本场景下的示例选择方法和示例提示构建方法，指令微调场景下的指令数据模板设计和指令数据构建方法。重点分析了框架定义、候选框架、框架元素集合、框架元素定义等各类框架语义知识在提示设计和指令数据设计中的作用。实验表明，在零样本场景下，在提示中融合框架定义、候选框架、框架元素集合知识对提升大模型的框架识别和框架语义角色标注性能具有重要作用。在少样本场景下，选择语义相近且多样的示例对提升大模型的性能具有重要作用，融合框架定义、候选框架、框架元素集合知识对提升大模型性能相较于零样本框架语义分析有所减弱，但仍然非常重要。在指令微调场景下，各类框架语义知识在指令数据中的作用较小，甚至会对大模型的性能产生负面影响。实验还表明，基于大模型的方法在性能上并没有显著超越传统的基于预训练模型的框架语义分析方法，说明框架语义分析对大模型而言仍然是一个极具挑战性的任务。

7.2 发展趋势

本书系统介绍了框架语义分析的一系列最新方法，涵盖了深度学习和自然语言处理领域的最新技术，在实践效果上取得了显著的性能提升。结合本书介绍的几种方法的研究结论，以及大语言模型强大的基础能力，框架语义分析未来的技术发展趋势表现在以下几个方面。

（1）融合语言和认知知识的框架语义分析

在本书介绍的框架语义分析方法基础之上，探索进一步融合词法、句法、构式等语言学知识的目标词表示和论元表示方法，探索针对框架语义知识库中蕴含的各类关系的建模方法，如框架之间的关系、框架与框架元素之间的关系、框架元素之间的关系，从而进一步提高模型对细粒度语义关系的感知能力。因此，如何进一步充分利用上述两类知识，实现框架语义分析性能的进一步提升，是未来的一个研究方向。

（2）大语言模型辅助的框架语义分析

传统的框架语义分析方法依赖于大规模标注数据，而获得大规模标注数据的时间和经济成本都比较高，如何利用大语言模型生成大量标注数据是今后的一个研究热点；此外，鉴于框架语义粒度较细、语义表示抽象层次比较高的特点，在语义分析粒度要求较高的领域，可借助大语言模型对文本进行多层次的语义分析，从而为文本的语义理解提供更易于理解的特征。因此，将大语言模型和传统方法相结合的框架语义分析也是一个值得探索的方向。

（3）基于大语言模型的框架语义分析方法

本书的初步研究表明，当前基于大语言模型的框架语义分析性能与传统模型相比并没有显著优势，可能的原因是还未找到能够充分激发大语言模型语义分析能力的方法。因此，探索激发大语言模型的框架语义分析能力的方法和技术，如提示构建、指令微调、知识注入、数据增强等方面的新技术和方法仍然非常重要。

（4）跨语言与低资源框架语义分析方法迁移

由于当前的框架语义知识资源和标注资源主要集中在英文和中文（FrameNet 和 CFN），面向其他语言的框架语义资源规模较小或者缺失，因此，如何将框架语义知识资源由英文或中文迁移到低资源语言（如韩语、阿拉伯语）是一个重要挑战，也是一个重要的研究方向。大语言模型与生俱来的跨语言能力可为该问题的解决提供一些新思路，如跨语言提示、隐式对齐、少样本对提示、机器翻译、知识蒸馏等技术路径都是可尝试的技术路线。

总之，框架语义分析是一个极具挑战性的自然语言理解任务，当前虽然取得了较大的技术进步，但仍未能取得非常理想的分析效果。大语言模型的普及应用为框架语义分析提供了一个新的技术路径，但如何充分激发大语言模型的框架语义分析能力仍需在未来的工作中不断探索。

参考文献

[1] 哈尔滨工业大学自然语言处理研究所 . 哈尔滨工业大学 ChatGPT 调研报告 [R/OL].(2023-05-04) [2024-04-20]. https://mp.weixin.qq.com/s/NyoSRvdk-_kVMbwQf2RgEQ.

[2] CHE W, DOU Z, FENG Y, et al. Towards a Comprehensive Understanding of the Impact of Large Language Models on Natural Language Processing: Challenges, Opportunities and Future Directions[J]. Scientia Sinica Informations, 2023, 53(9): 1645-1665.

[3] FILLMORE C J. Frames and the Semantics of Understanding[J]. Quaderni di Semantica, 1985, 6(2): 222-254.

[4] FILLMORE C J. Frame Semantics for Text Understanding[C] // Proceedings of Wordnet and Other Lexical Resources Workshop, 2001.

[5] 李茹 . 汉语句子框架语义结构分析技术研究 [D]. 太原 : 山西大学 , 2012.

[6] 王寅 . 构式语法研究（上卷）理念思索 [M]. 上海 : 上海外语教育出版社 , 2018.

[7] GUO S, LI R, TAN H, et al. A Frame-based Sentence Representation for Machine Reading Comprehension[C] // Proceedings of the 58th Annual Meeting of the Association for Computational Linguistics, 2020: 891-896.

[8] GUO S, GUAN Y, LI R, et al. Incorporating Syntax and Frame Semantics in Neural Network for Machine Reading Comprehension[C] // Proceedings of the 28th International Conference on Computational Linguistics, 2020: 2635-2641.

[9] ZHAO H, LI R, LI X, et al. CFSRE: Context-aware based on Frame-semantics for Distantly Supervised Relation Extraction[J]. Knowledge-Based Systems, 2020, 210 : 106480.

[10] WANG X, WANG Z, HAN X, et al. MAVEN: A Massive General Domain Event Detection Dataset[C] // Proceedings of the 2020 Conference on Empirical Methods in Natural Language Processing, 2020: 1652-1671.

[11] WANG X, CHEN Y, DING N, et al. MAVEN-ERE: A Unified Large-scale Dataset for Event Coreference, Temporal, Causal, and Subevent Relation Extraction[C]// Proceedings of the 2022 Conference on Empirical Methods in Natural Language Processing, 2022: 926-941.

[12] GUO S, WANG C, CHEN Y, et al. EventOA: An Event Ontology Alignment Benchmark Based on FrameNet and Wikidata[C] // Findings of the Association for Computational Linguistics, 2023: 10038-10052.

[13] GUAN Y, GUO S, LI R, et al. Frame Semantics Guided Network for Abstractive Sentence Summarization[J]. Knowledge-Based Systems, 2021, 221: 106973.

[14] GUAN Y, GUO S, LI R, et al. Frame Semantic-Enhanced Sentence Modeling for Sentence-level Extractive Text Summarization[C] // Proceedings of the 2021 Conference on Empirical Methods in Natural Language Processing, 2021: 4045-4052.

[15] 刘开瑛 . 汉语框架语义网构建及其应用技术研究 [J]. 中文信息学报 , 2011, 25: 46-52,62.

[16] JOHANSSON R, NUGUES P. LTH: Semantic Structure Extraction Using Nonprojective Dependency Trees[C] // Proceedings of the Fourth International Workshop on Semantic Evaluations, 2007: 227-230.

[17] DAS D, CHEN D, MARTINS A F T, et al. Frame-Semantic Parsing[J]. Computing Linguistics, 2014, 40(1): 9-56.

[18] PENNINGTON J, SOCHER R, MANNING C. GloVe: Global Vectors for Word Representation[C] // Proceedings of the 2014 Conference on Empirical Methods in Natural Language Processing, 2014: 1532-1543.

[19] MIKOLOV T, CHEN K, CORRADO G, et al. Efficient Estimation of Word Representations in Vector Space[C] // The 1st International Conference on Learning Representations, 2013.

[20] SWAYAMDIPTA S, THOMSON S, Dyer C, et al. Frame-Semantic Parsing with Softmax-Margin Segmental RNNs and a Syntactic Scaffold[J]. ArXiv, 2017.

[21] SWAYAMDIPTA S, THOMSON S, LEE K, et al. Syntactic Scaffolds for Semantic Structures[C] // Proceedings of the 2018 Conference on Empirical Methods in Natural Language Processing, 2018: 3772-3782.

[22] PENG H, THOMSON S, SWAYAMDIPTA S, et al. Learning Joint Semantic Parsers from Disjoint Data[C] // Proceedings of the 2018 Conference of the North American Chapter of the Association for Computational Linguistics, 2018: 1492-1502.

[23] HOCHREITER S, SCHMIDHUBER J. Long Short-Term Memory[J]. Neural Computation, 1997, 9(8): 1735-1780.

[24] KRIZHEVSKY A, SUTSKEVER I, HINTON G E. ImageNet Classification with Deep Convolutional Neural Networks[C] // The 26th Annual Conference on Neural Information Processing Systems, 2012: 1106-1114.

[25] KIM Y. Convolutional Neural Networks for Sentence Classification[C] // Proceedings of the 2014 Conference on Empirical Methods in Natural Language Processing, 2014: 1746-1751.

[26] YANG B, MITCHELL T. A Joint Sequential and Relational Model for Frame-Semantic Parsing[C] // Proceedings of the 2017 Conference on Empirical Methods in Natural Language Processing, 2017: 1247-1256.

[27] VASWANI A, SHAZEER N, PARMAR N, et al. Attention is All you Need[C] // Annual Conference on Neural Information Processing Systems, 2017: 5998-6008.

[28] MARCHEGGIANI D, TITOV I. Graph Convolutions over Constituent Trees for Syntax Aware Semantic Role Labeling[C] // Proceedings of the 2020 Conference on Empirical Methods in Natural Language Processing, 2020: 3915-3928.

[29] LIN Z, SUN Y, ZHANG M. A Graph-Based Neural Model for End-to-End Frame Semantic Parsing[C] // Proceedings of the 2021 Conference on Empirical Methods in Natural Language Processing, 2021.

[30] ZHENG C, WANG Y, CHANG B. Query Your Model with Definitions in FrameNet: An Effective Method for Frame Semantic Role Labeling[C] // Thirty-Seventh AAAI Conference on Artificial Intelligence, 2023: 14029-14037.

[31] GILDEA D, JURAFSKY D. Automatic Labeling of Semantic Roles[J]. Computational Linguistics, 2002, 28(3): 245-288.

[32] MINSKY M. A Framework for Representing Knowledge[M]. [S.l.]: Massachusetts Institute of Technology, 1974: 163-189.

[33] 贾群枝，邵杨芳，刘艳玲. 汉语框架网络本体研究 [M]. 北京：科学出版社，2012.

[34] BAKER C F, FILLMORE C J, LOWE J B. The Berkeley FrameNet Project[C] // 36th Annual Meeting of the Association for Computational Linguistics and 17th International Conference on Computational Linguistics, 1998: 86-90.

[35] LI R, ZHAO Y, WANG Z, et al. A Comprehensive Overview of CFN from a Commonsense Perspective[J]. Machine Intelligence Research, 2024.

[36] 郭少茹. 基于框架语义表示的机器阅读理解方法研究 [D]. 太原：山西大学，2021.

[37] 车万翔. 基于核方法的语义角色标注研究 [D]. 哈尔滨：哈尔滨工业大学，2008.

[38] BAKER C, ELLSWORTH M, ERK K. SemEval-2007 Task 19: Frame Semantic Structure Extraction[C] // Proceedings of the Fourth International Workshop on Semantic Evaluations, 2007: 99-104.

[39] 李俊材，闫智超，苏雪峰. CCL23-Eval 任务 3 总结报告：汉语框架语义解析评测 [C] // 2023 年中国计算语言学大会，2023.

[40] PALMER M, GILDEA D, KINGSBURY P. The Proposition Bank: an Annotated Corpus of Semantic Roles[J]. Computational Linguistics, 2005, 31(1).

[41] MEYERS A, REEVES R, MACLEOD C, et al. The NomBank Project: An Interim Report[C] // Proceedings of the Workshop Frontiers in Corpus Annotation at HLT-NAACL 2004, 2004: 24-31.

[42] LI R, ZHAO Y, WANG Z, et al. A Comprehensive Overview of CFN from a Commonsense Perspective[J]. Machine Intelligence Research, 2024, 21(2): 239-256.

[43] BASTIANELLI E, VANZO A, LEMON O. Encoding Syntactic Constituency Paths for Frame-Semantic Parsing with Graph Convolutional Networks[J]. arXiv, 2020.

[44] HERMANN K M, DAS D, Weston J, et al. Semantic Frame Identification with Distributed Word Representations[C] // Proceedings of the 52nd Annual Meeting of the Association for Computational Linguistics, 2014: 1448-1458.

[45] HARTMANN S, KUZNETSOV I, MARTIN T, et al. Out-of-domain FrameNet Semantic Role Labeling[C] // Proceedings of the 15th Conference of the European Chapter of the Association for Computational Linguistics, 2017: 471-482.

[46] BENGIO Y, DUCHARME R, VINCENT P, et al. A Neural Probabilistic Language Model[J]. J. Mach. Learn. Res., 2003, 3: 1137-1155.

[47] KABBACH A, RIBEYRE C, HERBELOT A. Butterfly Effects in Frame Semantic Parsing: Impact of Data Processing on Model Ranking[C] // Proceedings of the 27th International Conference on Computational Linguistics, 2018: 3158-3169.

[48] DEVLIN J, CHANG M-W, LEE K, et al. BERT: Pre-training of Deep Bidirectional Transformers for Language Understanding[C] // Proceedings of the 2019 Conference of the North American Chapter of the Association for Computational Linguistics: Human Language Technologies, 2019: 4171-4186.

[49] LIU Y, OTT M, GOYAL N, et al. RoBERTa: A Robustly Optimized BERT Pretraining Approach[J]. arXiv, 2019.

[50] TAN S, NA J. Positional Attention-based Frame Identification with BERT: A Deep Learning Approach to Target Disambiguation and Semantic Frame Selection[J]. arXiv, 2019.

[51] CHEN X, ZHENG C, CHANG B. Joint Multi-Decoder Framework with Hierarchical Pointer Network for Frame Semantic Parsing[C] // Findings of the Association for Computational Linguistics: ACL-IJCNLP 2021, 2021.

[52] ZHENG C, CHEN X, XU R, et al. A Double-Graph Based Framework for Frame Semantic Parsing[C] // Proceedings of the 2022 Conference of the North American Chapter of the Association for Computational Linguistics: Human Language Technologies, 2022 : 4998-5011.

[53] KSHIRSAGAR M, THOMSON S, SCHNEIDER N, et al. Frame-Semantic Role Labeling with Heterogeneous

Annotations[C] // Proceedings of the 53rd Annual Meeting of the Association for Computational Linguistics and the 7th International Joint Conference on Natural Language Processing, 2015: 218-224.

[54] TÄCKSTRÖM O, GANCHEV K, DAS D. Efficient Inference and Structured Learning for Semantic Role Labeling[J]. Transactions of the Association for Computational Linguistics, 2015, 3: 29-41.

[55] FITZGERALD N, TÄCKSTRÖM O, GANCHEV K, et al. Semantic Role Labeling with Neural Network Factors[C] // Proceedings of the 2015 Conference on Empirical Methods in Natural Language Processing, 2015: 960-970.

[56] YANG B, MITCHELL T. A Joint Sequential and Relational Model for Frame-Semantic Parsing[C] // Proceedings of the 2017 Conference on Empirical Methods in Natural Language Processing, 2017: 1247-1256.

[57] BEJAN C A, HATHAWAY C. UTD-SRL: A Pipeline Architecture for Extracting Frame Semantic Structures[C] // Proceedings of the Fourth International Workshop on Semantic Evaluations (SemEval-2007), 2007: 460-463.

[58] BORDES A, USUNIER N, GARCÍA-DURÁN A, et al. Translating Embeddings for Modeling Multi-relational Data[C] // Advances in Neural Information Processing Systems 26: 27th Annual Conference on Neural Information Processing Systems, 2013: 2787-2795.

[59] WANG Z, ZHANG J, FENG J, et al. Knowledge Graph Embedding by Translating on Hyperplanes[C] // Proceedings of the Twenty-Eighth AAAI Conference on Artificial Intelligence, 2014: 1112-1119.

[60] XIAO H, HUANG M, HAO Y, et al. TransG : A Generative Mixture Model for Knowledge Graph Embedding[J]. arXiv Preprint arXiv, 2015.

[61] XIE R, LIU Z, JIA J, et al. Representation Learning of Knowledge Graphs with Entity Descriptions[C] // Proceedings of the Thirtieth AAAI Conference on Artificial Intelligence, 2016: 2659-2665.

[62] ZHONG L, WU J, LI Q, et al. A Comprehensive Survey on Automatic Knowledge Graph Construction[J]. ACM Comput. Surv., 2024, 56(4): 94:1-94:62.

[63] YAN H, JIN X, MENG X, et al. Event Detection with Multi-Order Graph Convolution and Aggregated Attention[C] // Proceedings of the 2019 Conference on Empirical Methods in Natural Language Processing and the 9th International Joint Conference on Natural Language Processing (EMNLP-IJCNLP), 2019: 5766-5770.

[64] LINMEI H, YANG T, SHI C, et al. Heterogeneous Graph Attention Networks for Semi-supervised Short Text Classification[C] // Proceedings of the 2019 Conference on Empirical Methods in Natural Language Processing and the 9th International Joint Conference on Natural Language Processing (EMNLP-IJCNLP), 2019: 4821-4830.

[65] CHENG X, XU W, CHEN K, et al. SpellGCN: Incorporating Phonological and Visual Similarities into Language Models for Chinese Spelling Check[C] // Proceedings of the 58th Annual Meeting of the Association for Computational Linguistics, 2020: 871-881.

[66] KIPF T N, WELLING M. Semi-Supervised Classification with Graph Convolutional Networks[C] // 5th International Conference on Learning Representations, 2017.

[67] LIN Z, FENG M, DOS SANTOS C N, et al. A Structured Self-Attentive Sentence Embedding[C] // 5th International Conference on Learning Representations, 2017.

[68] TAN Z, WANG M, XIE J, et al. Deep Semantic Role Labeling With Self-Attention[C] // Proceedings of the Thirty-Second AAAI Conference on Artificial Intelligence, (AAAI-18), 2018: 4929-4936.

[69] LECUN Y, BOTTOU L, BENGIO Y, et al. Gradient-based Learning Applied to Document Recognition[J]. Proceedings of the IEEE, 1998, 86(11): 2278-2324.

[70] KIM Y. Convolutional Neural Networks for Sentence Classification[C] // Proceedings of the 2014 Conference on Empirical Methods in Natural Language Processing, 2014: 1746-1751.

[71] BEVILACQUA M, NAVIGLI R. Breaking Through the 80% Glass Ceiling: Raising the State of the Art in Word Sense Disambiguation by Incorporating Knowledge Graph Information[C] // Proceedings of the 58th Annual Meeting of the Association for Computational Linguistics, 2020: 2854-2864.

[72] BLEVINS T, ZETTLEMOYER L. Moving Down the Long Tail of Word Sense Disambiguation with Gloss Informed Bi-encoders[C] // Proceedings of the 58th Annual Meeting of the Association for Computational Linguistics, 2020: 1006-1017.

[73] CUI Y, CHE W, LIU T, et al. Pre-Training With Whole Word Masking for Chinese BERT[J]. IEEE/ACM Transactions on Audio, Speech, and Language Processing, 2021, 29: 3504-3514.

[74] LI Z, GUO X, QIAO D, et al. CCL23-Eval：System Report for CCL23-Eval Task 3: Application of Entity Classification Model Based on Rotary Position Embedding in Chinese Frame Semantic Parsing[C] // Proceedings of the 22nd Chinese National Conference on Computational Linguistics, 2023: 94-104.

[75] LIU S, CHEN Y, HE S, et al. Leveraging FrameNet to Improve Automatic Event Detection[C] // Proceedings of the 54th Annual Meeting of the Association for Computational Linguistics, 2016: 2134-2143.

[76] ROTH M, LAPATA M. Context-aware Frame-Semantic Role Labeling[J]. Transactions of the Association for Computational Linguistics, 2015, 3: 449-460.

[77] SHI T, MALIOUTOV I, IRSOY O. Semantic Role Labeling as Syntactic Dependency Parsing[C] // Proceedings of the 2020 Conference on Empirical Methods in Natural Language Processing, 2020: 7551-7571.
[78] YU J, BOHNET B, POESIO M. Named Entity Recognition as Dependency Parsing[C] // Proceedings of the 58th Annual Meeting of the Association for Computational Linguistics, 2020:6470-6476.
[79] DOZAT T, MANNING C D. Deep Biaffine Attention for Neural Dependency Parsing[C] // The 5th International Conference on Learning Representations, 2017.
[80] LIU P, QIU X, HUANG X. Recurrent Neural Network for Text Classification with Multi-Task Learning[C] // Proceedings of the Twenty-Fifth International Joint Conference on Artificial Intelligence, 2016: 2873-2879.
[81] BI M, ZHANG Q, ZUO M, et al. Bi-directional Long Short-Term Memory Model with Semantic Positional Attention for the Question Answering System[J]. ACM Trans. Asian Low Resour. Lang. Inf. Process., 2021, 20(5): 77:1-77:13.
[82] SU X, LI R, LI X, et al. A Knowledge-Guided Framework for Frame Identification[C] // Proceedings of the 59th Annual Meeting of the Association for Computational Linguistics and the 11th International Joint Conference on Natural Language Processing, 2021: 5230-5240.
[83] OUCHI H, SHINDO H, MATSUMOTO Y. A Span Selection Model for Semantic Role Labeling[C] // Proceedings of the 2018 Conference on Empirical Methods in Natural Language Processing, 2018: 1630-1642.
[84] EBERTS M, ULGES A. Span-Based Joint Entity and Relation Extraction with Transformer Pre-Training[C] // Frontiers in Artificial Intelligence and Applications, 2020: 2006-2013.
[85] ZHONG Z, CHEN D. A Frustratingly Easy Approach for Entity and Relation Extraction[C] // Proceedings of the 2021 Conference of the North American Chapter of the Association for Computational Linguistics: Human Language Technologies, 2021: 50-61.
[86] WANG Y, SUN C, WU Y, et al. UniRE: A Unified Label Space for Entity Relation Extraction[C] // Proceedings of the 59th Annual Meeting of the Association for Computational Linguistics and the 11th International Joint Conference on Natural Language Processing, 2021: 220-231.
[87] SU X, LI R, LI X, et al. A Span-based Target-aware Relation Model for Frame-semantic Parsing[J]. ACM Transactions on Asian and Low-Resource Language Information Processing, 2022, 22: 1-24.
[88] SHANG Y, HUANG H, MAO X. OneRel: Joint Entity and Relation Extraction with One Module in One Step[C] // Thirty-Sixth AAAI Conference on Artificial Intelligence, 2022 : 11285-11293.
[89] ZHANG Y, YANG Y, LI Y, et al. Boundary-Driven Table-Filling for Aspect Sentiment Triplet Extraction[C] // Proceedings of the 2022 Conference on Empirical Methods in Natural Language Processing, 2022: 6485-6498.
[90] HE K, ZHANG X, REN S, et al. Deep Residual Learning for Image Recognition[J]. IEEE, 2016.
[91] REN S, HE K, GIRSHICK R, et al. Faster R-CNN: Towards Real-Time Object Detection with Region Proposal Networks[J]. IEEE Transactions on Pattern Analysis and Machine Intelligence, 2017, 39(6): 1137-1149.
[92] TAN M, PANG R, LE Q V. EfficientDet: Scalable and Efficient Object Detection[C] // 2020 IEEE/CVF Conference on Computer Vision and Pattern Recognition. 2020: 10778-10787.
[93] MIWA M, SASAKI Y. Modeling Joint Entity and Relation Extraction with Table Representation[C] // Proceedings of the 2014 Conference on Empirical Methods in Natural Language Processing, 2014: 1858-1869.
[94] GUPTA P, SCHÜTZE H, ANDRASSY B. Table Filling Multi-Task Recurrent Neural Network for Joint Entity and Relation Extraction[C] // Proceedings of the 26th International Conference on Computational Linguistics, 2016: 2537-2547.
[95] ZHANG M, ZHANG Y, FU G. End-to-End Neural Relation Extraction with Global Optimization[C] // Proceedings of the 2017 Conference on Empirical Methods in Natural Language Processing, 2017: 1730-1740.
[96] ADEL H, SCHÜTZE H. Global Normalization of Convolutional Neural Networks for Joint Entity and Relation Classification[C] // Proceedings of the 2017 Conference on Empirical Methods in Natural Language Processing, 2017: 1723-1729.
[97] WANG J, LU W. Two are Better than One: Joint Entity and Relation Extraction with Table-Sequence Encoders[C] // Proceedings of the 2020 Conference on Empirical Methods in Natural Language Processing, 2020: 1706-1721.
[98] LIU J, CHEN Y, XU J. Saliency as Evidence: Event Detection with Trigger Saliency Attribution[C] // Proceedings of the 60th Annual Meeting of the Association for Computational Linguistics, 2022: 4573-4585.
[99] SUN Y, WANG S, LI Y, et al. ERNIE: Enhanced Representation through Knowledge Integration[J]. ArXiv, 2019.
[100] XIAO C, YAO Y, XIE R, et al. Denoising Relation Extraction from Document Level Distant Supervision[C] // Proceedings of the 2020 Conference on Empirical Methods in Natural Language Processing, 2020: 3683-3688.
[101] ZHONG Z, CHEN D. A Frustratingly Easy Approach for Entity and Relation Extraction[C] // Proceedings of the 2021 Conference of the North American Chapter of the Association for Computational Linguistics, 2021: 50-61.
[102] BALDINI SOARES L, FITZGERALD N, LING J, et al. Matching the Blanks: Distributional Similarity for Relation Learning[C] // Proceedings of the 57th Annual Meeting of the Association for Computational Linguistics, 2019: 2895-2905.

[103] PETERS M E, NEUMANN M, LOGAN R, et al. Knowledge Enhanced Contextual Word Representations[C] // Proceedings of the 2019 Conference on Empirical Methods in Natural Language Processing and the 9th International Joint Conference on Natural Language Processing, 2019: 43-54.

[104] HU S, DING N, WANG H, et al. Knowledgeable Prompt-tuning: Incorporating Knowledge into Prompt Verbalizer for Text Classification[C] // Proceedings of the 60th Annual Meeting of the Association for Computational Linguistics, 2022: 2225-2240.

[105] HOU Y, CHEN C, LUO X, et al. Inverse is Better! Fast and Accurate Prompt for Few-shot Slot Tagging[C] // Findings of the Association for Computational Linguistics: ACL 2022, 2022: 637-647.

[106] GOU Z, GUO Q, YANG Y. MvP: Multi-view Prompting Improves Aspect Sentiment Tuple Prediction[C] // Proceedings of the 61st Annual Meeting of the Association for Computational Linguistics, 2023: 4380-4397.

[107] HE Y, HU J, TANG B. Revisiting Event Argument Extraction: Can EAE Models Learn Better When Being Aware of Event Co-occurrences?[C] // Proceedings of the 61st Annual Meeting of the Association for Computational Linguistics, 2023: 12542-12556.

[108] ZHOU W, CHEN M. An Improved Baseline for Sentence-level Relation Extraction[C] // Proceedings of the 2nd Conference of the Asia-Pacific Chapter of the Association for Computational Linguistics and the 12th International Joint Conference on Natural Language Processing, 2022: 161-168.

[109] YE D, LIN Y, LI P, et al. Packed Levitated Marker for Entity and Relation Extraction[C] // Proceedings of the 60th Annual Meeting of the Association for Computational Linguistics, 2022: 4904-4917.

[110] KALYANPUR A, BIRAN O, BRELOFF T, et al. Open-Domain Frame Semantic Parsing Using Transformers[J]. ArXiv, 2020.

[111] QI P, ZHANG Y, ZHANG Y, et al. Stanza: A Python Natural Language Processing Toolkit for Many Human Languages[C] // Proceedings of the 58th Annual Meeting of the Association for Computational Linguistics, 2020: 101-108.

[112] STEVEN BIRD E L, KLEIN E. Natural Language Processing with Python[M]. [S.l.]: O'Reilly Media Inc., 2009.

[113] ZHAO W X, ZHOU K, LI J, et al. A Survey of Large Language Models[J]. ArXiv, 2023.

[114] TOUVRON H, LAVRIL T, IZACARD G, et al. LLaMA: Open and Efficient Foundation Language Models[J]. ArXiv, 2023.

[115] DAI Z, LAI G, YANG Y, et al. Funnel-Transformer: Filtering Out Sequential Redundancy for Efficient Language Processing[C] // Advances in Neural Information Processing Systems, 2020:4271-4282.

[116] VASWANI A, SHAZEER N, PARMAR N, et al. Attention is All You Need[C] // Advances in Neural Information Processing Systems, 2017.

[117] SU X, LI R, LI X, et al. EFSP-TE: End-to-End Frame-Semantic Parsing with Table Encoder[J]. Tsinghua Science and Technology, 2025,30(4): 1474-1495.

[118] SU X, LI R, LI X, et al. A Unified Framework for Frame-semantic Parsing Based on Marker Attention[J]. Data Intelligence, 2024.

[119] 赵鑫 , 李军毅 , 周昆 , 等 . 大语言模型 [M]. 北京 : 高等教育出版社 , 2025.

[120] SUN X, DONG L, LI X, et al. Pushing the Limits of ChatGPT on NLP Tasks[J]. ArXiv, 2023.

[121] JACOB R, RISHABH M, LI C, et al. Can LLMs Extract Frame-Semantic Arguments?[J]. ArXiv, 2025.

[122] FU Y, CAO Y, WANG Q, et al. TISE: A Tripartite In-context Selection Method for Event Argument Extraction[C]// Proceedings of the 2024 Conference of the North American Chapter of the Association for Computational Linguistics, 2024: 1801-1818.

[123] VICTOR S, ALBERT W, COLIN R, et al. Multitask Prompted Training Enables Zero-Shot Task Generalization[C]// The Tenth International Conference on Learning Representations, 2022.

[124] JASON W, MAARTEN B, VINCENT Y, et al. Finetuned Language Models Are Zero-Shot Learners[C]// The Tenth International Conference on Learning Representations, 2022

[125] ANDREAS K, DIMITRI R, SOTIRIS A, et al. Open Assistant-Conversations- Democratizing Large Language Model Alignment[J]. ArXiv, 2023.

[126] WANG Y, KORDI Y, MISHRA S, et al.Self-Instruct: Aligning Language Models with Self-Generated Instructions[C]// Proceedings of the 61st Annual Meeting of the Association for Computational Linguistics, 2023: 13484-13508

[127] WANG Y, MISHRA S, PEGAH A et al. Super-naturalinstructions: Generalization via Declarative Instructions on 1600+ NLP Tasks[C]//Proceedings of the Conference on Empirical Methods in Natural Language Processing, 2022: 5085-5109.

[128] DETTMERS T, PAGNONI A, HOLTZMAN A, et al. QLORA: Efficient Finetuning of Quantized LLMs[C]// Proceedings of the 37th International Conference on Neural Information Processing Systems, 2023: 10088-10115.

[129] EDWARD J, SHEN Y, PHILLIP W, et al. LoRA: Low-Rank Adaptation of Large Language Models[J] . ArXiv, 2022.